高等职业教育服装专业信息化教学新形态系列教材

丛书顾问：倪阳生 张庆辉

服装立体裁剪

主 编 邓鹏举 冯素杰

副主编 孙学志 何 歆 杨 旭 王静芳 李 敏

北京理工大学出版社

BEIJING INSTITUTE OF TECHNOLOGY PRES

内 容 提 要

本书共分为八个项目，项目一介绍对服装立体裁剪的材料、工具、人台准备的操作方法；项目二介绍对紧身衣、原型省道转移以及原型省道的变化设计等立体裁剪步骤和方法的操作；项目三介绍对三种典型裙子的操作；项目四着重介绍女式生活装的立体裁剪操作；项目五介绍风衣、大衣长款服装的操作；项目六介绍时装立体裁剪的操作；项目七探讨服装立体造型的平面构成和立体构成的方法，对创作设计操作进行综合实训；项目八为作品欣赏。本书具有鲜明的时代性，更加注重科学性和系统性，图文并茂，实用性强。

本书可作为高等职业院校服装专业教材使用，也可作为广大服装爱好者和从业者的参考读物。

图书在版编目（CIP）数据

服装立体裁剪 / 邓鹏举，冯素杰主编.—北京：北京理工大学出版社，2023.1重印

ISBN 978-7-5682-7508-8

Ⅰ.①服…　Ⅱ.①邓…②冯…　Ⅲ.①立体裁剪　Ⅳ.①TS941.631

中国版本图书馆CIP数据核字（2019）第191198号

出版发行 / 北京理工大学出版社有限责任公司

社　　址 / 北京市海淀区中关村南大街5号

邮　　编 / 100081

电　　话 /（010）68914775（总编室）

（010）82562903（教材售后服务热线）

（010）68944723（其他图书服务热线）

网　　址 / http://www.bitpress.com.cn

经　　销 / 全国各地新华书店

印　　刷 / 河北鑫彩博图印刷有限公司

开　　本 / 889毫米×1194毫米　1/16

印　　张 / 6.5　　　　责任编辑 / 多海鹏

字　　数 / 181千字　　　　文案编辑 / 孟祥雪

版　　次 / 2023年1月第1版第3次印刷　　　　责任校对 / 周瑞红

定　　价 / 45.00元　　　　责任印制 / 边心超

图书出现印装质量问题，请拨打售后服务热线，本社负责调换

高等职业教育服装专业信息化教学新形态系列教材

编审委员会

丛书顾问

倪阳生　中国纺织服装教育学会会长、全国纺织服装职业教育教学指导委员会主任

张庆辉　中国服装设计师协会主席

丛书主编

刘瑞璞　北京服装学院教授，硕士生导师，享受国务院特殊津贴专家

张晓黎　四川师范大学服装服饰文化研究所负责人、服装与设计艺术学院名誉院长

丛书主审

钱晓农　大连工业大学服装学院教授、硕士生导师，中国服装设计师协会学术委员会主任委员，中国十佳服装设计师评委

专家成员（按姓氏笔画排序）

马丽群	王大勇	王鸿霖	邓鹏举	叶淑芳
白嘉良	曲　侠	乔　燕	刘　红	孙世光
李　敏	李　程	杨晓旗	闵　悦	张　辉
张一华	侯东昱	祖秀霞	常　元	常利群
韩　璐	薛飞燕			

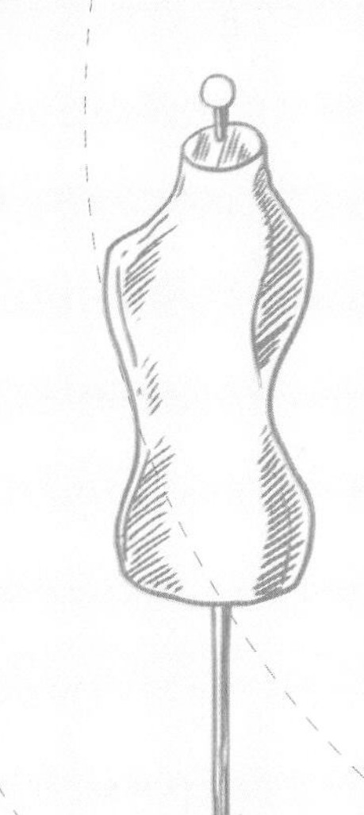

总序

PREFACE

服装行业作为我国传统支柱产业之一，在国民经济中占有非常重要的地位。近年来，随着国民收入的不断增加，服装消费已经从单一的遮体避寒的温饱型物质消费转向以时尚、文化、品牌、形象等需求为主导的精神消费。与此同时，人们的服装品牌意识逐渐增强，服装销售渠道由线下到线上再到全渠道的竞争日益加剧。未来的服装设计、生产也将走向智能化、数字化。在服装购买方式方面，“虚拟衣柜”“虚拟试衣间”和“梦境全息展示柜”等3D服装体验技术的出现，更是预示着以“DIY体验”为主导的服装销售潮流即将来临。

要想在未来的服装行业中谋求更好的发展，不管是服装设计还是服装生产领域都需要大量的专业技术型人才。促进我国服装设计职业教育的产教融合，为维持服装行业的可持续发展提供充足的技术型人才资源，是教育工作者们义不容辞的责任。为此，我们根据《国家职业教育改革实施方案》中提出的“促进产教融合　校企‘双元’育人”等文件精神，联合服装领域的相关专家、学者及优秀的一线教师，策划出版了这套高等职业教育服装专业信息化教学新形态系列教材。本套教材主要凸显三大特色：

一是教材编写方面，由学校和企业相关人员共同参与编写，严格遵循理论以“必需、够用”为度的原则，构建以任务为驱动，以案例为主线，以理论为辅助的教材编写模式，通过任务实施或案例应用来提炼知识点，让基础理论知识穿插到实际案例当中，克服传统教学纯理论灌输方式的弊端，强化技术应用及职业素质培养，激发学生的学习积极性。

二是教材形态方面，除传统的纸质教学内容外，还匹配了案例导入、知识点讲解、操作技法演示、拓展阅读等丰富的二维码资源，用手机扫码即可观看，实现随时随地、线上线下互动学习，极大满足信息化时代学生利用零碎时间学习、分享、互动的需求。

三是教材资源匹配方面，为更好地满足课程教学需要，本套教材匹配了“智荟课程”教学资源平台，提供教学大纲、电子教案、课程设计、教学案例、微课等丰富的课程教学资源，还可借助平台，组织课堂讨论、课堂测试等，有助于教师实现对教学过程的全方位把控。

本套教材力争在职业教育教材内容的选取与组织、教学方式的变革与创新、教学资源的整合与发展方面，做出有意义的探索和实践。希望本套教材的出版，能为当今服装设计职业教育的发展提供借鉴和思路。我们坚信，在国家各项方针政策的引领下，在各界同人的共同努力下，我国服装设计教育必将迎来一个全新的蓬勃发展时期！

高等职业教育服装专业信息化教学新形态系列教材编委会

FOREWORD

前 言

服装立体裁剪，是研究服装空间立体造型的一门学科，是进行服装设计、版型研究的专业基础。它的任务是揭示服装立体结构设计的基本原理，阐述服装立体造型的基本方法。通过立体裁剪的学习和训练，读者能够了解和掌握立体造型的操作方法，提高对设计和版型的掌控能力，为服装设计创新和版型研究拓展出更广阔空间。

本书内容涵盖了服装立体裁剪课程领域中的知识、基本方法、基本技能等，通过典型案例的综合应用及专题内容设计，对相关知识进行详细分析和讲解，进一步提升学习者解决问题和创作设计的能力。本书具有基础性、科学性、系统性、综合性、先进性、针对性等特征，强调教学整体性、阶段性和渐进性。

本书按照企业岗位需求和技术规范，结合国内外行业先进技术理念，以产教融合、校企合作的定位来设计和编写，强调专题训练与项目化内容的结合，注重学生实战能力的培养。

基于互联网、物联网、云计算、大数据等一系列新技术的应用和实践，本书将信息技术与技术应用深度整合，并使数字化和纸质内容结合，通过手机扫描二维码即可观看操作范例讲解和进行网络观摩，有利于师生反复研习。同时本书又拓展了相应的资料，例如案例操作、课件、教案和作业、在线学习和交流以及多媒体网络交流平台等较为成熟多样的、交互性的资源，以逐步提高学习者的“互联网+”意识，提升国际竞争力。

本书是编者多年来的企业实践和教学经验的总结，编者希望将它共享给学生和教师以及服装爱好者，使大家对服装立体裁剪有一定深度的认识，使服装设计技术更成熟，工作更简便有效。

本书由邓鹏举负责统稿，冯素杰、何歆和校企合作企业专家孙学志参与编写，杨旭、王静芳、何歆、邓鹏举参与视频录像。同时李敏老师为本书服装款式图的绘制付出了辛勤努力，在此谨表谢意。

由于编者水平有限，书中难免存在疏漏之处，还望广大读者批评指正。

编 者

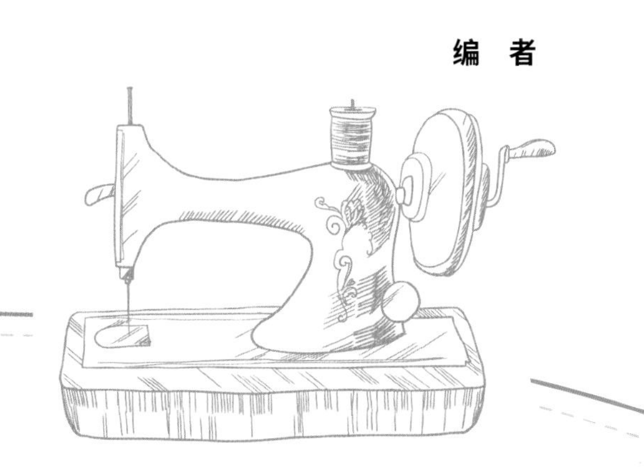

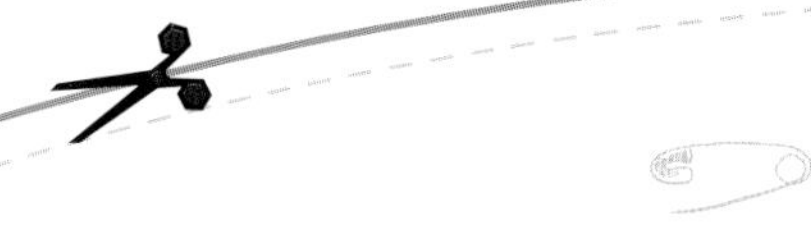

目录 CONTENTS

项目一 服装立体裁剪的操作准备

学习目标

了解基本工具和材料用途，掌握使用大头针别合的方法，了解人台的补正方法和手臂制作的方法，掌握标示人台基准线的方法。

任务一　服装立体裁剪前材料与用具的准备

操作前准备

一、立体裁剪的材料准备

（1）立体裁剪使用的布料。除了有特殊的材料要求或裁剪要求会使用性质相近的面料或实际面料外，通常情况下使用白坯布进行立体裁剪，这主要从经济角度进行考虑，在造型的过程中不受颜色和花型的影响，便于整体造型的把握和局部的整理。在使用白坯布时，可以根据款式的不同选用不同组织、不同厚度的布料。

① toile 棉。toile 棉是日本立体裁剪中经常使用的操作布料，用有色线按经纬纱向织出方格的白色平纹布，中国有类似面料称为朝阳葛，便于操作时确认纱向。

② 不同厚度的白坯布。通常对不同类型服装进行立体裁剪操作时，会选择不同厚度的白坯布，使成品更接近实际效果。大衣或较厚的外套会使用较厚的白坯布，较轻薄的款式使用薄的白坯布，而中等厚度的白坯布用途较为广泛。

③ 实际面料或相近面料。当实际服装的面料具有特殊性质，使用白坯布操作不能达到理想的效果时，可使用实际面料或是与其性质特点相近的廉价面料，尽量达到与服装设计的要求相一致。考虑到经济性，一般会采用与正式面料相近但较廉价的面料完成立体裁剪操作。

（2）坯布熨烫整理。考虑到市场上可买到的白坯布在织造和整理的过程中会有不同程度的经纬纱斜度，所以一般在立体裁剪时使用撕开的方法备布，并使用熨斗对布片进行熨烫整理，将布片纱向规正、经纬纱向垂直。同时在操作之前还需要在布片上沿经纬纱向标注基础线，以便人台操作时保持纱向的一致性。

（3）垫肩。根据服装款型或补正体形的需要，有时会使用垫肩。通常使用的垫肩有两种，一种是装袖垫肩，肩端呈截面型或圆弧型；另一种是插肩袖垫肩，肩端是包住肩头的圆弧型。可以根据不同的设计要求进行选择。

二、立体裁剪的用具准备

（1）人台。人台是立体裁剪中必不可少的重要用具，起到代替人体的作用，因此应选用一个体型标准、比例尺寸符合实际人体的人台，同时其质地应软硬适宜，便于插拔大头针。

实际使用中可以见到很多类型的人台，一般分为以下几类：

① 按人台形态分。人台按形态可分为全身人台、上半身人台和下半身人台。较为常见的是上半身人台，包括半身躯干的普通人台、臀部以下连半腿型的人台和臀部以下全腿型的人台，可以根据不同的设计要求和用途进行选择使用（图 1-1 至图 1-3）。

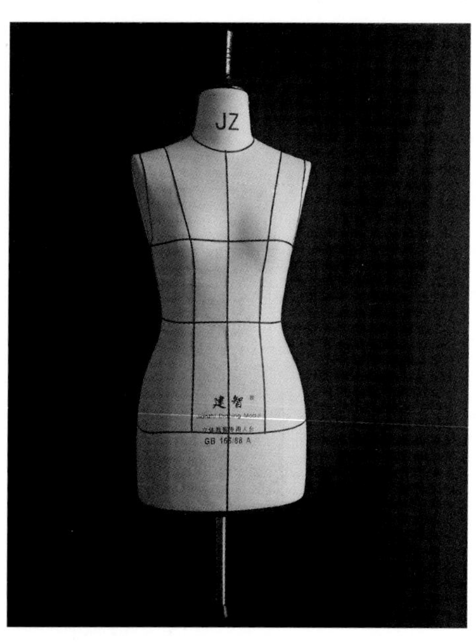

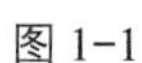
图 1-1

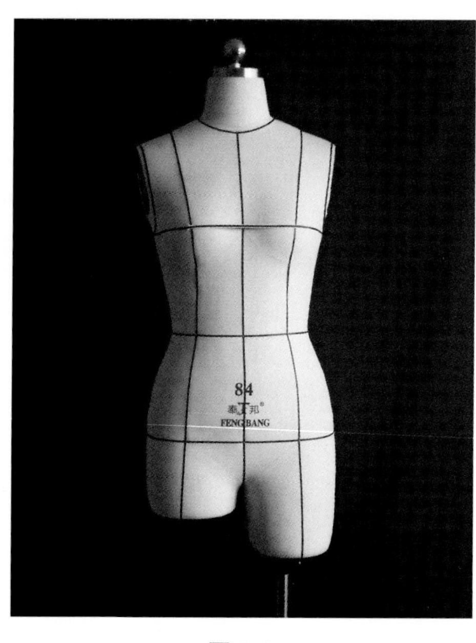

图 1-2

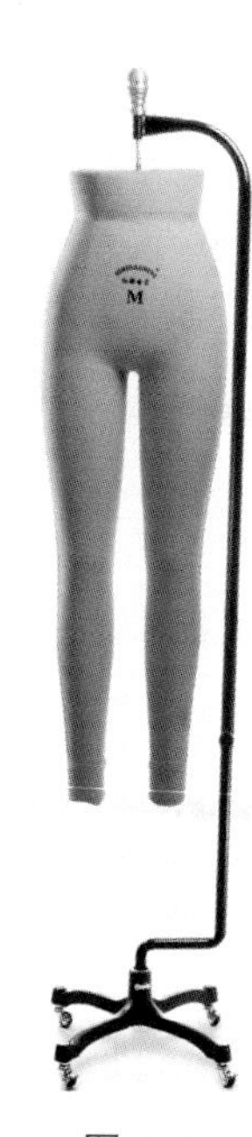

图 1-3

② 按性别和年龄分。人台按性别可分为男性体人台和女性体人台。人台按年龄分可分为成人体人台和不同年龄段的儿童体人台。

③ 按国家地区分。根据不同国家和地区人种体型和体态特征的不同，各国会研发符合本国和本地区人种体型的标准人台，现在较常见的有法式人台、美式人台、日式人台等。由于人台尺寸需要大量的科学数据测量，涉及多个地区和广大的被测人群，是一项很大的工程，目前我国还没有正式开展此项活动，因此我国使用的人台还没有统一标准。

④ 特殊人台。一些有特殊用途的人台，包括内衣使用的裸体人台；特殊体型人台，如胖体人台、瘦体人台等；另外在高级时装定制中，各大品牌或高级时装店会根据顾客的体型尺寸单独制作人台，以便于有针对性地进行立体造型操作。

（2）剪刀。立体裁剪中使用的剪刀要区别于一般裁剪用的剪刀，剪身应较长，刀尖合刃好，剪把合手、轻便，便于操作。同时，还应备一把剪纸板的专用剪刀，不要混用，以免损伤剪刃（图 1-4）。

（3）大头针和针插。立体裁剪专用大头针与常见大头针不同，钢质、锋利，针身较长，有一定韧性，很容易刺入人台及别合布片。有的大头针的针顶部装饰有圆珠，也可以使用，但有时会影响造型效果。针插是用来插放大头针的，在立体裁剪操作时方便大头针的取用。其通常使用布面，内填泡沫或喷胶棉等，与手腕接触的一面垫有厚纸板或塑料板等，防止针尖刺伤手臂，内侧有皮筋可套在手腕上（图 1-5）。

（4）尺。立体裁剪中会用到不同的尺，其中软尺（也称皮尺）用于测量身体或人台围度等尺寸。直尺和弯尺、袖窿尺等，用于各部位尺寸的测量和衣片上各线条的描画（图 1-6、图 1-7）。

（5）滚轮。在布样或纸版上做上记号、放缝份、布样转换成纸版或复片时使用。

（6）喷胶棉。用于人台的体型补正或是制作布手臂，也可使用棉花。

（7）标示带。用于在人台上或衣片上作标志线的粘合带，一般为黑色、红色或白色，可透过布看到并与人台布色形成反差为好，有纸质和胶质两种，宽度在 2~3 mm（图 1-8）。

（8）蒸汽熨斗。用于在立体裁剪中熨烫布片，使其平整和纱向规正，还可以用于制作过程中的工艺整熨、定型等。

（9）笔。常用的有铅芯较软的铅笔、记号笔等，可标注布片的丝缕方向、轮廓线和造型线，做点影和对和记号等。

（10）手针和线。一般采用白色或红色的棉线，用作临时假缝和标记使用。

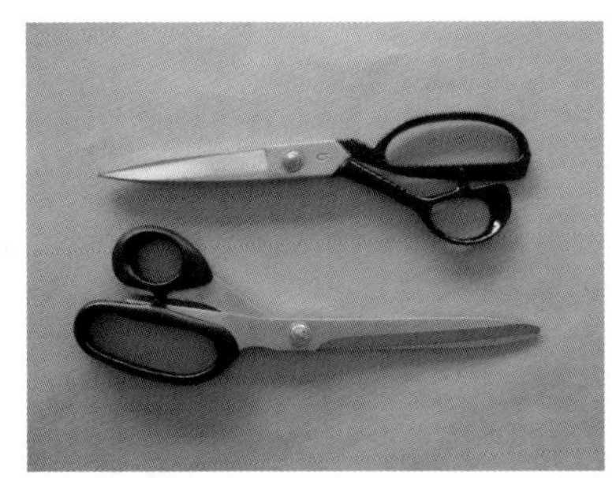

图 1-4

图 1-5

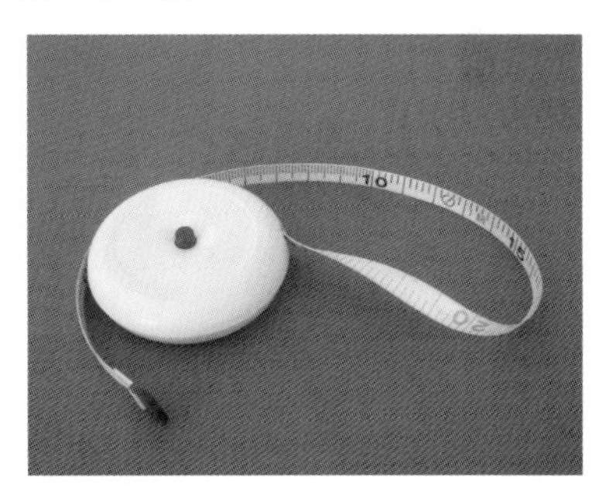

图 1-6

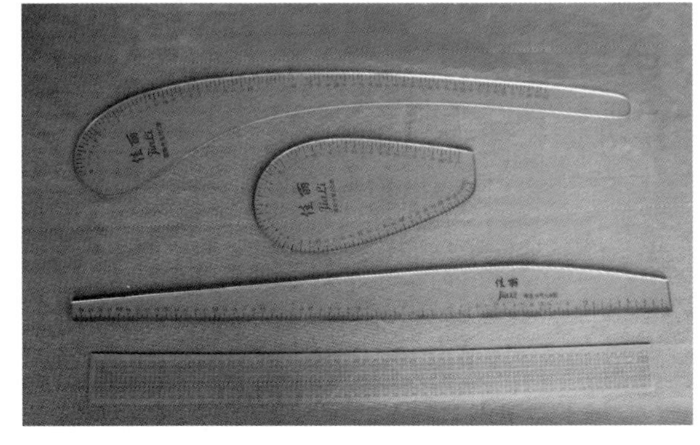

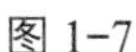

图 1-7

图 1-8

任务二　人台基准线的标示

基准线是为了在立体裁剪时表现人台上重要的部位或结构线、造型线等，是立体裁剪过程中准确性的保证，也是操作时布片纱向的依据，同时又是版型展开时的基准线。

除了基本的基准线，有时还要根据不同的设计和款式要求，对其结构线和造型线做不同的标示。

一般在贴基准线时，采用目测和尺量两种方式共同使用的方法进行。

基准线标示动画

1．常用的基准点和基准线

常用的基准点和基准线有前颈点（FNP）、后颈点（BNP）、侧颈点（SNP）、肩端点（SP）、后腰中心点、前中心线（CF）、后中心线（CB）、胸围线（BL）、腰围线（WL）、臀围线（HL）、肩线、侧缝线、领围线、袖窿线（图 1-9 至图 1-11）。

2．在人台上贴基准线

（1）后中心线。将人台放置于水平地面，摆正。在人台后颈点处向下坠重物，找出后中心线（图 1-12）。

（2）领围线。从后颈点开始，沿颈部倾斜和曲度走势，经过侧颈点、前颈点，圆顺贴出一周领围线，注意后颈点左右各有约 2.5 cm 为水平线（图 1-13）。

（3）前中心线。在前颈点向下坠重物，确定并贴出前中心线（图 1-14）。

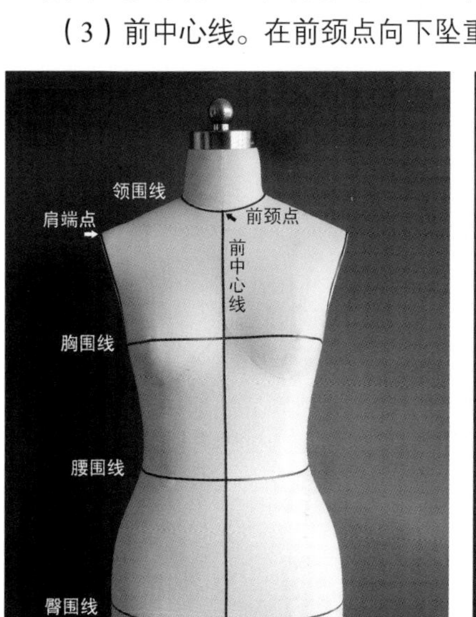

图 1-9

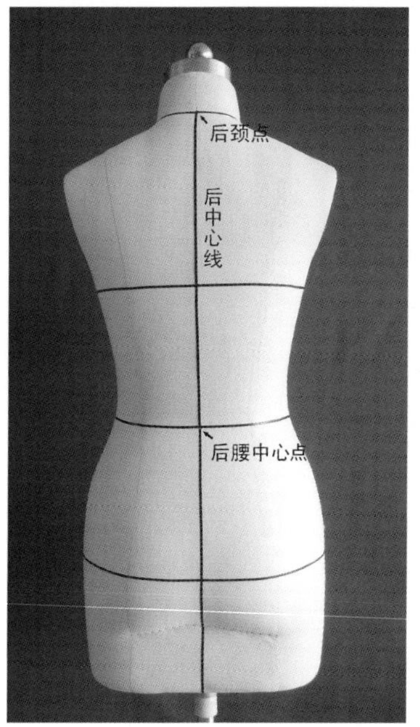

图 1-10

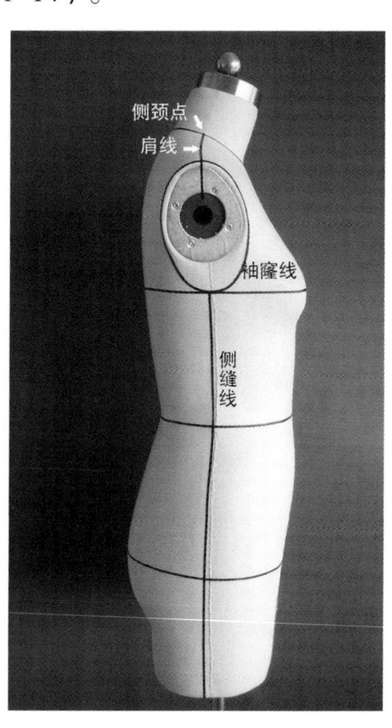

图 1-11

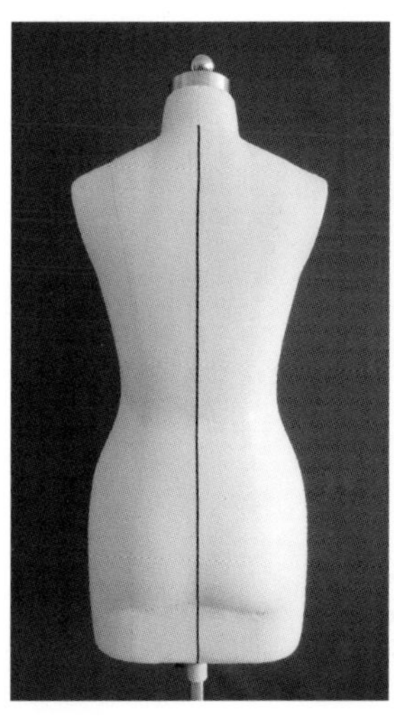

图 1-12

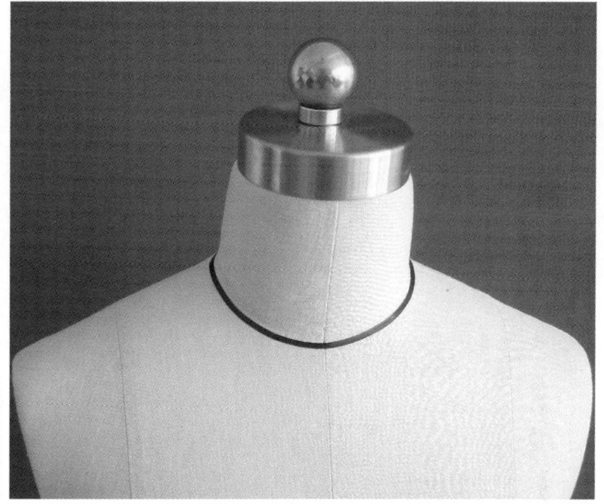

图 1-13

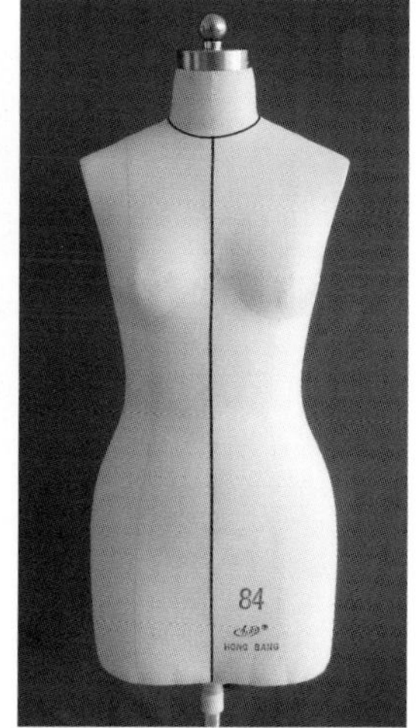

图 1-14

（4）胸围线。从人台侧面目测，找到胸高点（BP 点），按此点据地面高度水平围绕人台一周贴出胸围线（图 1-15）。

（5）腰围线。在后腰中心点位置沿水平高度围绕人台腰部一周，贴出腰围线（图 1-16）。

（6）臀围线。由腰围线上前中心点向下 18 ~ 20cm，在此位置水平围绕人台臀部一周贴出臀围线（图 1-17）。

（7）侧缝线。确认人台前后中心线两侧的围度相等，在人台侧面标注半侧人台胸围线、腰围线、臀围线的 1/2 点作为参考点。由肩端点向下，从胸围线开始，一边观察一边顺人台走势贴出侧缝线。此时侧缝线与胸围线、腰围线、臀围线的交点分别比参考点向后偏移 1 ~ 2 cm，还可根据视觉美观适当调整侧缝线（图 1-18）。

（8）肩缝线。连接侧颈点和肩端点形成肩缝线（图 1-19）。

（9）袖窿线。以人台侧面臂根截面和胸围线、侧缝线作为参考，定出袖窿底、前腋点和后腋点，以圆顺的曲线连接肩端点、前腋点、袖窿底和后腋点一周，贴出袖窿线。注意：由于人体结构和功能的关系，前腋点到袖窿底的曲度较大（图 1-20）。

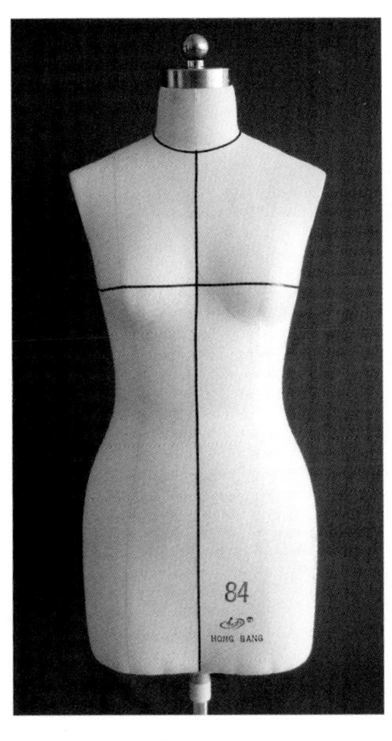

图 1-15

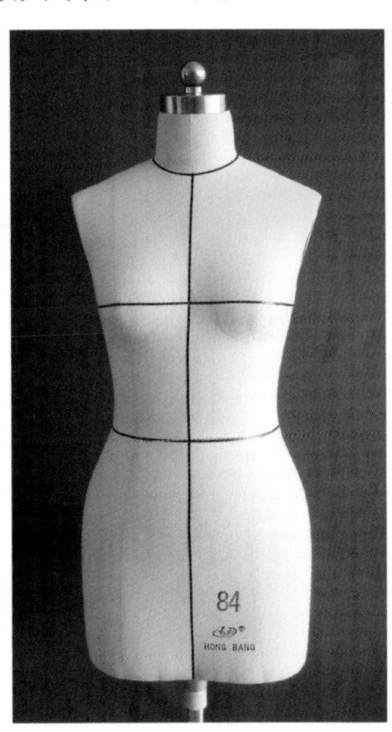

图 1-16

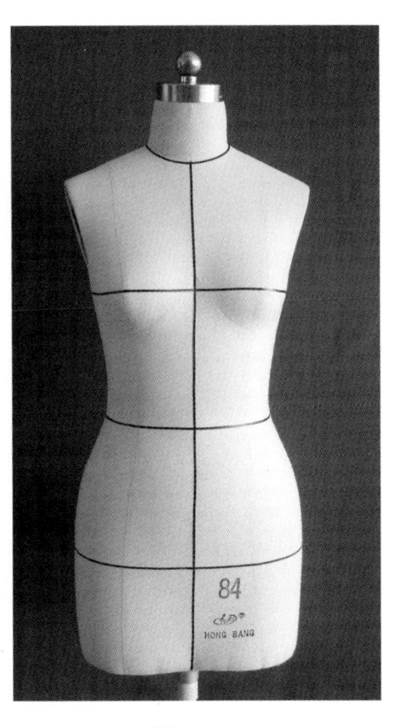

图 1-17

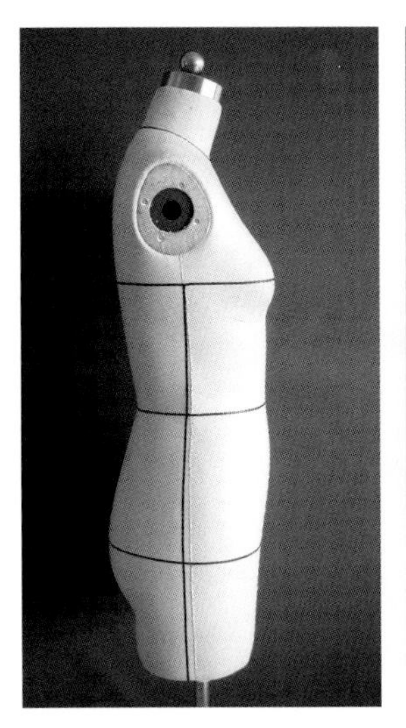

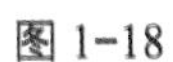

图 1-18

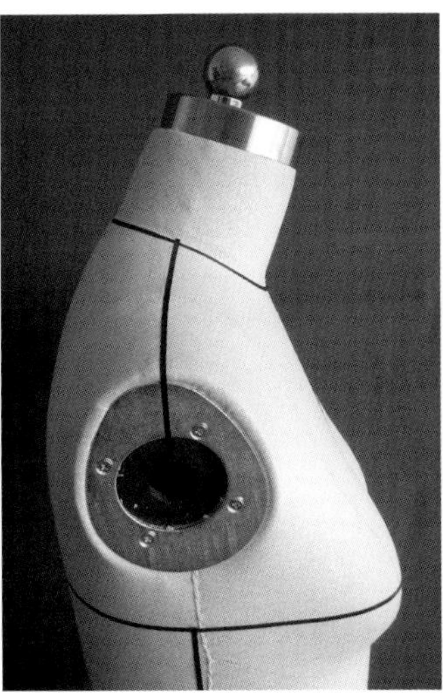

图 1-19

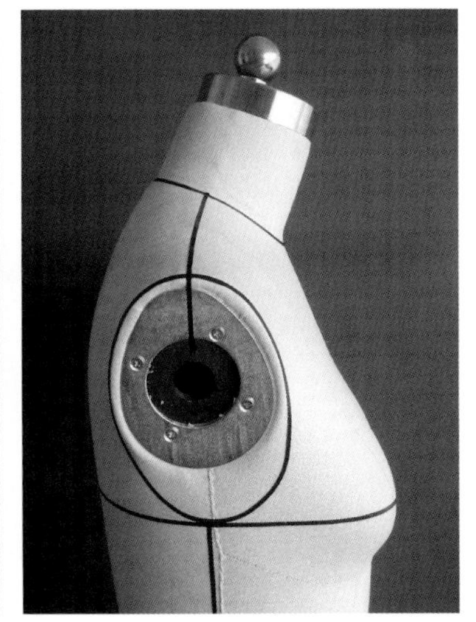

图 1-20

（10）前、后公主线。在肩线的 1/2 处通过胸高点向腰部和臀部顺延，在臀围线以下垂直至底部，完成左右的公主线的标示（图 1-21、图 1-22）。

（11）侧垂线。为了确保操作时布的径向线保持垂直，在人台的前后两侧公主线 1/2 处通过胸围线标示出两条垂线作为参考（图 1-23）。

（12）背线。在肩胛骨最高处标示出水平线（大约在后颈围至胸围线 1/2 向上 1 cm 处）（图 1-24）。

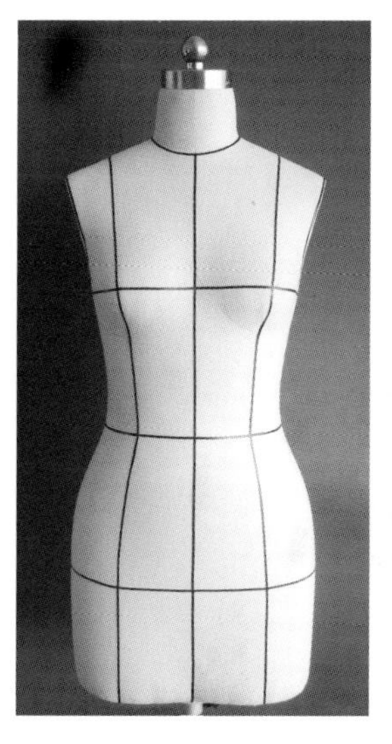

图 1-21

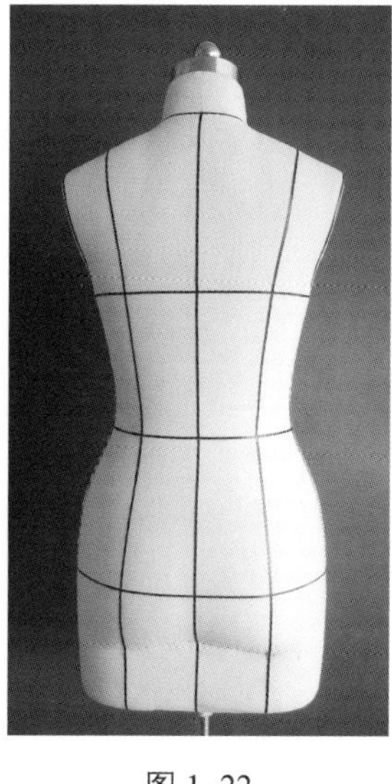

图 1-22

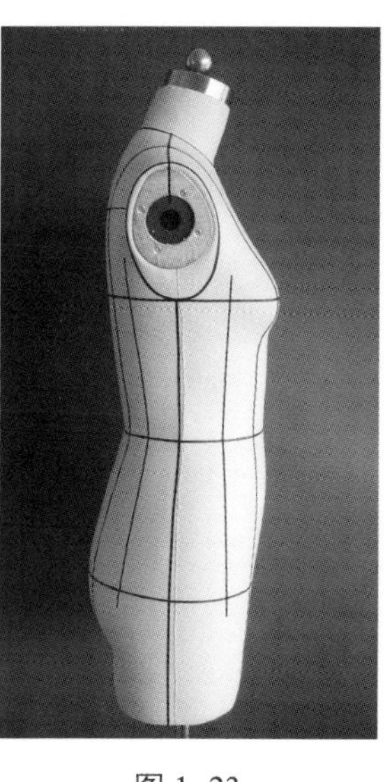

图 1-23

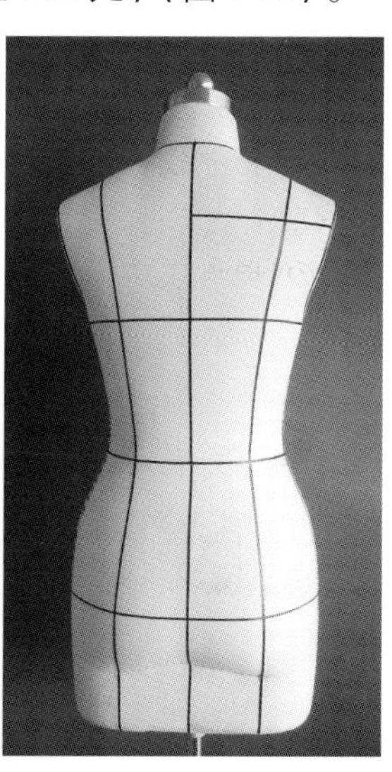

图 1-24

任务三　人台的补正

在实际应用中，标准人台是适合标准人体的规格尺寸，在对个体体型特征和不同款式要求立体裁剪操作时，还需要按照具体人的尺寸进行人台不同部位的补正。人台的补正分为特殊体型补正和一般体型补正，特殊体型补正包括鸡胸体的补正、驼背体的补正、平肩体的补正等。一般体型补正包括肩的垫起，胸部、腰、臀和背部的补正。

人台的补正一般是在人台表面补加垫棉和垫布，使人台尺寸符合要求。

（1）肩部的补正。

① 根据不同体型和款式要求，在人台的肩部加放喷胶棉，并修整形状。肩端方向较厚，向侧颈点方向逐渐变薄，前后向下逐渐收薄（图 1-25）。

② 根据需要的尺寸，裁出三角形布片，将布片覆盖在喷胶棉上，周围边缘处用大头针固定，调整补正的形状（图 1-26）。

③ 沿补正布片边缘固定。也可直接使用各类垫肩（图 1-27）。

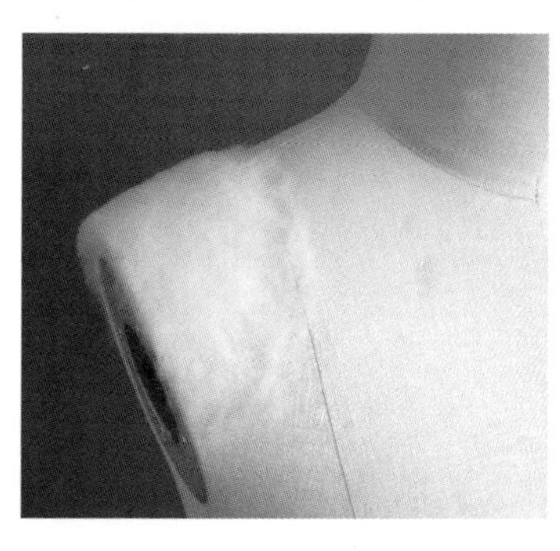

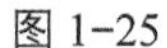

图 1-25

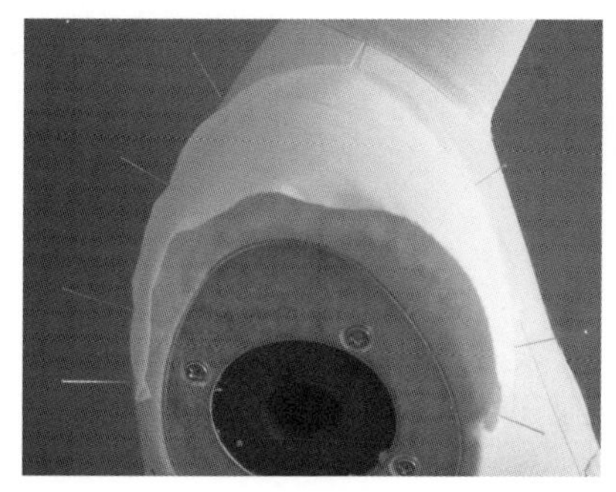

图 1-26

图 1-27

（2）胸部的补正。

① 根据测量好的尺寸，在人台的胸部表面加放喷胶棉，修整形状，使中间较厚，边缘逐渐变薄（图 1-28）。

② 裁出圆形布片，面积以能覆盖胸乳部为准，根据需要的胸型做省，省尖指向中心点，省量的大小与胸高相关。将布片覆盖在喷胶棉上，周围边缘处用大头针固定，调整补正的形状（图 1-29）。

③ 沿补正布片边缘固定，从各角度观察并调整（图 1-30）。

（3）臀部的补正。

① 将喷胶棉根据补正的要求加放在人台的髋部、臀部及周边，修整形状，要注意身体的曲线和体积感（图 1-31）。

② 根据需要的尺寸裁出布片，将布片覆盖在喷胶棉上，周围边缘处用大头针固定，调整补正的形状（图 1-32）。

③ 沿补正布片边缘固定（图 1-33）。

（4）完成人台补正的正面、侧面、后面（图 1-34 至图 1-36）。

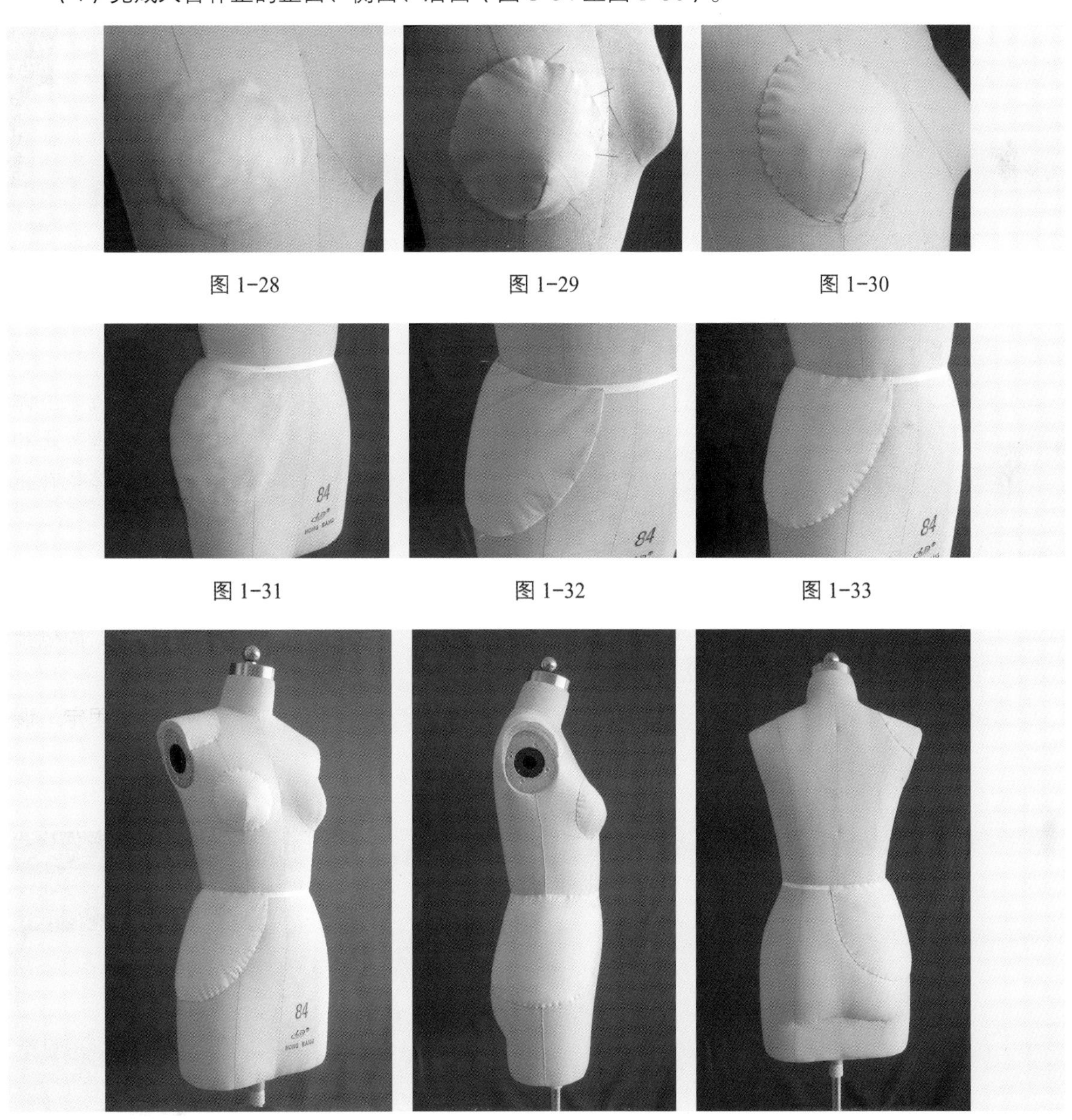

图 1-28　图 1-29　图 1-30

图 1-31　图 1-32　图 1-33

图 1-34　图 1-35　图 1-36

任务四　布手臂的制作

布手臂在人台上充当了人体手臂的角色，是进行立体裁剪操作的重要工具，在常用的人台上一般不带有手臂，需要自行制作。手臂形状应尽量与真人手臂相仿，并能抬起与装卸。一般根据操作习惯制作一侧的手臂。

1．布手臂的制图

布手臂的围度和手臂的长度可以根据具体要求，参考真人手臂的尺寸确定。手臂根部的挡布形状与人台手臂根部截面形状相似（图 1-37）。

2．布片的准备

估算大小袖片的用布量（即大、小袖片的最长、最宽尺寸），备出布片，熨烫整理纱向。沿布的经纬纱向标出袖片的袖中线、袖山线和袖肘线。再将手臂的净版画在布料上，放出缝份，袖根和手腕截面处分别留 2.5 cm 和 1.5 cm 毛份。

（1）缝合大小袖片，对袖缝前弯的袖肘处进行拔烫或拉伸，后袖肘处缝合时加入适当缝缩量，缝合后使手臂呈一定角度的自然前倾。缝份劈缝熨开（图 1-38）。

（2）将布手臂内填充棉裁剪成形（图 1-39）。

（3）缝合填充棉成手臂形状，与手臂布套进行比较，确认长短和肥度合适（图 1-40）。

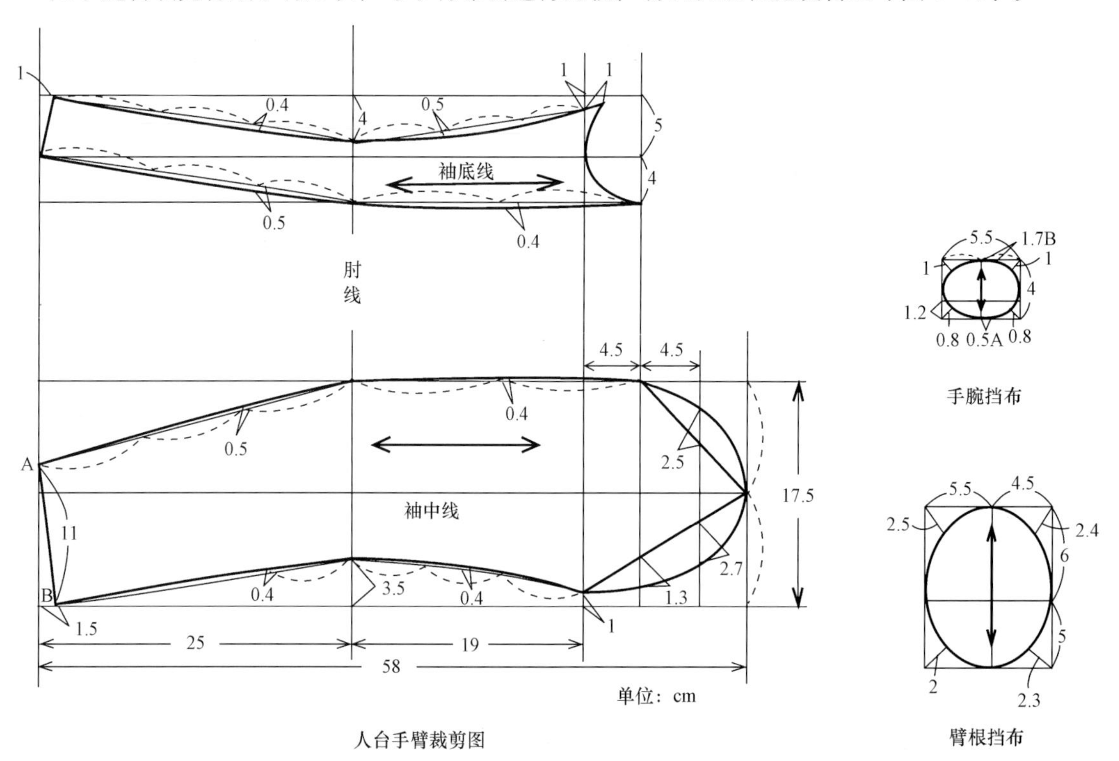

图 1-37

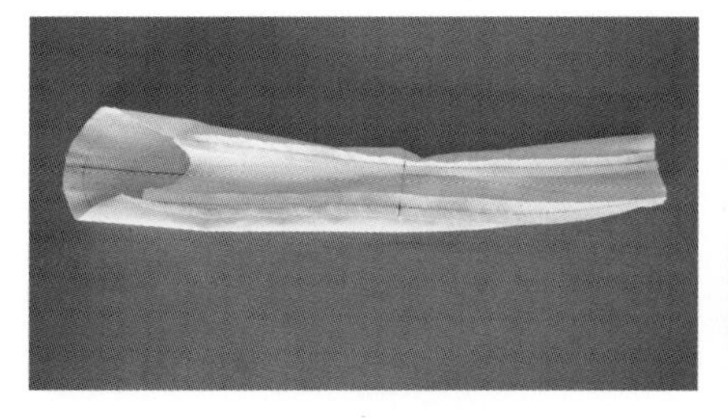

图 1-38

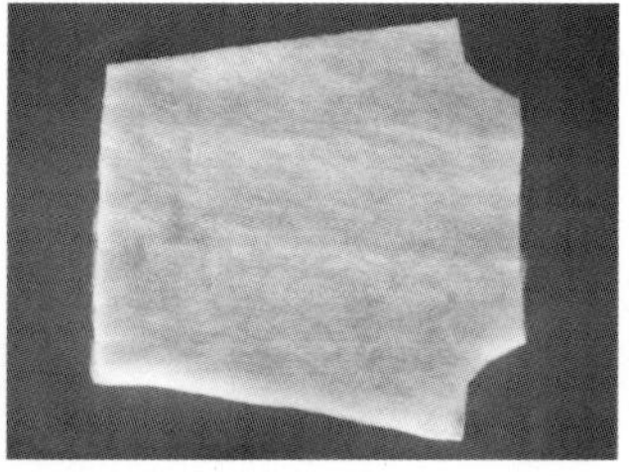

图 1-39

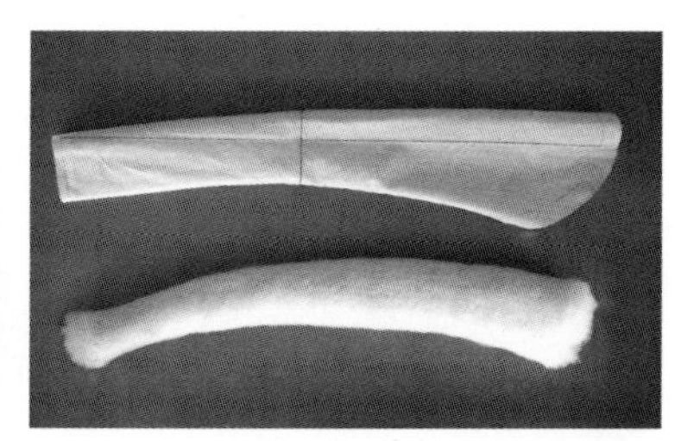

图 1-40

（4）将填充棉制成的手臂形装入手臂布套，整理光滑平顺。同时将剪好的臂根和手腕截面形的纸版放入准备好的布片，做抽缩缝（图 1-41）。

（5）整理好臂根处露出的填充棉的絮毛，在袖山净份向外 0.7 cm 宽处，以 0.2 cm 针距进行缩缝，根据手臂根部形状分配缩缝量，并整理（图 1-42）。

（6）手腕处使用同臂根处同样的方法进行缩缝并整理好（图 1-43）。

（7）将布手臂的臂根围与臂根挡布、手腕与手腕挡布固定，使用撬针法进行密缝。准备净宽 2.5 cm 对折布条，用密针固定在布手臂的袖山位置（图 1-44）。

（8）布手臂完成（图 1-45）。

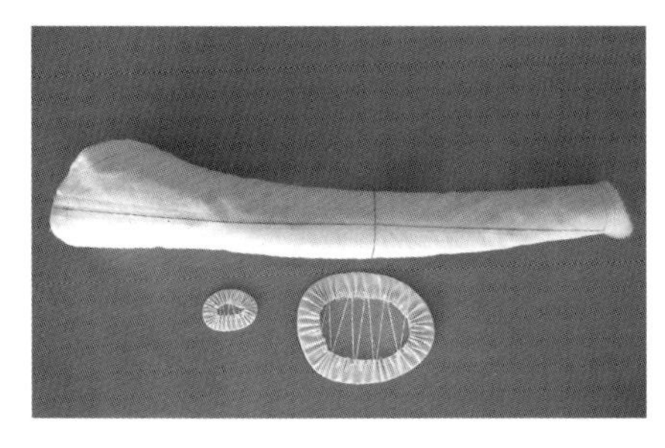

图 1-41

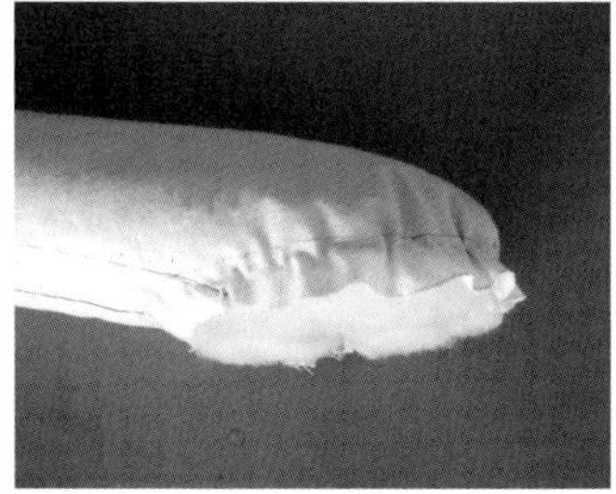

图 1-42

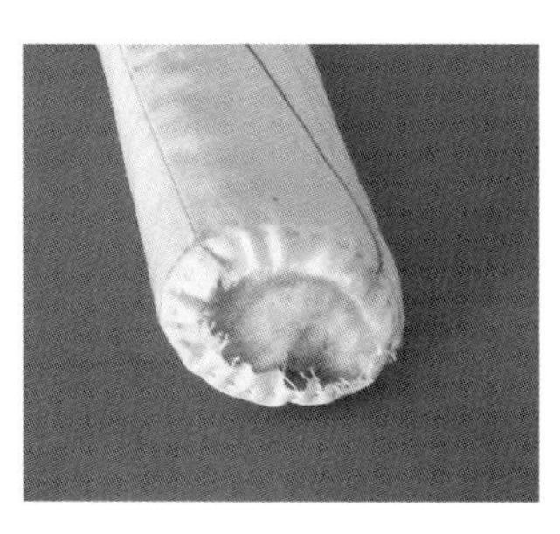

图 1-43

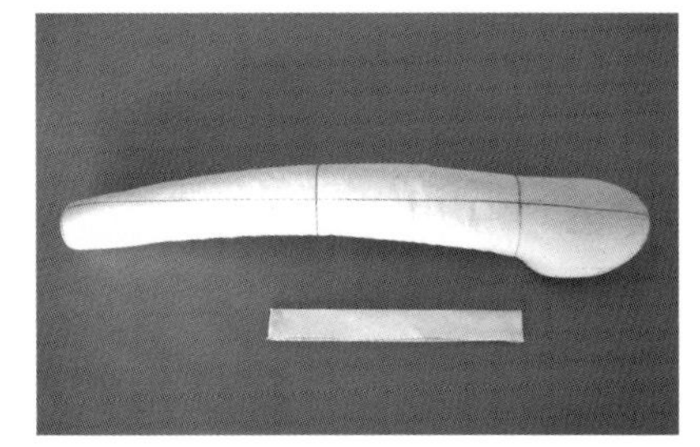

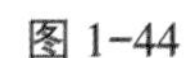

图 1-44

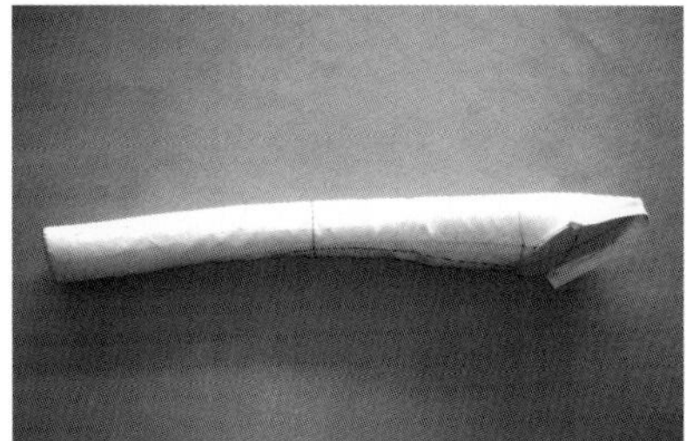

图 1-45

任务五　大头针的固定别合

在进行立体裁剪操作时，使用必要的针法对衣片或某个部位加以固定和别合，是使操作简便，并能取得很好造型的重要方法。

1．固定法

（1）单针固定。用于将布片临时性地固定或简单固定在人台上，针身向布片受力的相反方向倾斜（图 1-46）。

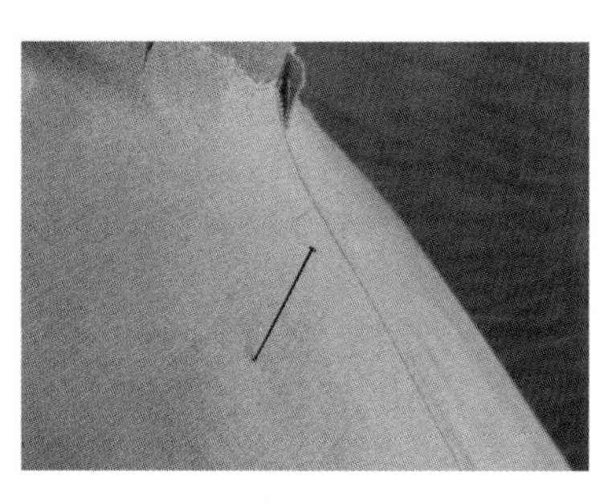

图 1-46

（2）交叉针固定。固定较大面积的衣片或是在中心位置等进行固定时，使用交叉针法进行固定，用两根针斜向交叉插入一个点，使面料在各个方向都不会移动。针身插入的深度根据面料的厚度决定（图 1-47）。

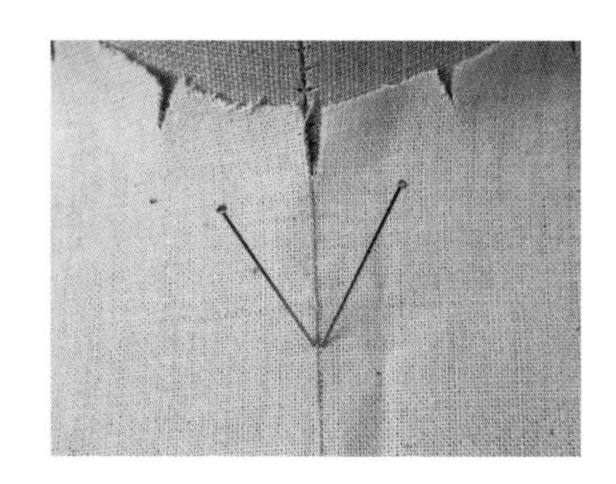

图 1-47

2．别合法

（1）重叠法。两布片平摊搭合后，重叠处用针沿垂直、倾斜或平行方向别合，适于面的固定或是确定上层衣片的完成线（图 1-48、图 1-49）。

（2）折合法。一片布折叠后压在另一片布上用大头针别合，针的走向可以平行于折合缝，即完成线，也可垂直或有一定角度。需要清晰地确定完成线时多使用此针法（图 1-50、图 1-51）。

（3）抓合法。抓合两布片的缝合份，或是衣片上的余量，沿缝合线别合，针距均匀平整。其一般用于侧缝、省道等部位（图 1-52、图 1-53）。

（4）藏针法。大头针从上层布的折痕处插入，挑起下层布，针尖回到上层布的折痕内的针法，效果接近于直接缝合的效果，精确美观，多在上袖时使用（图 1-54）。

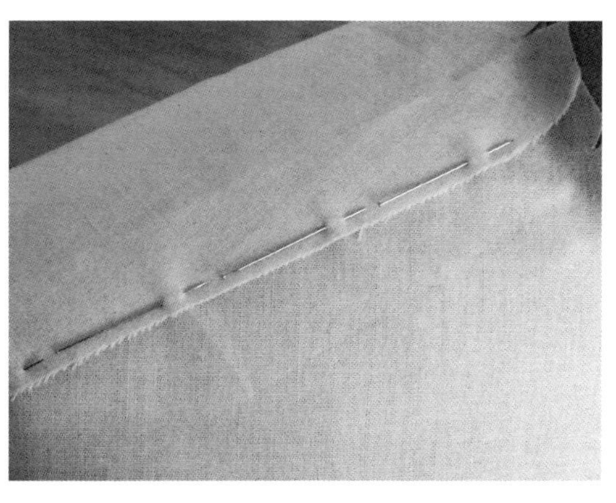

图 1-48

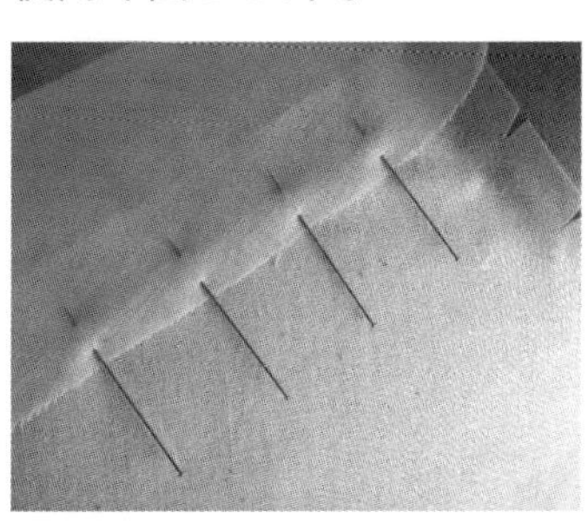

图 1-49

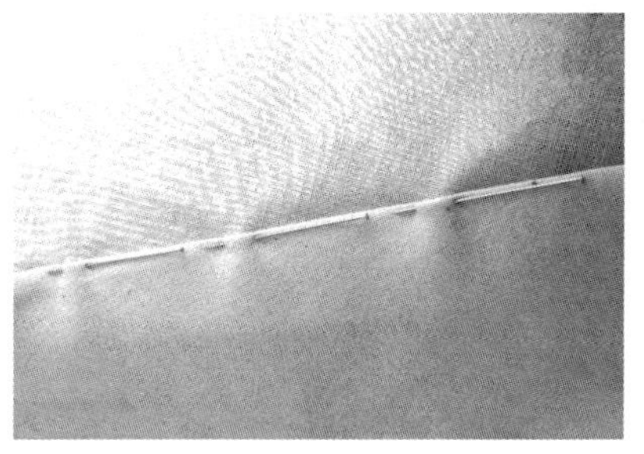

图 1-50

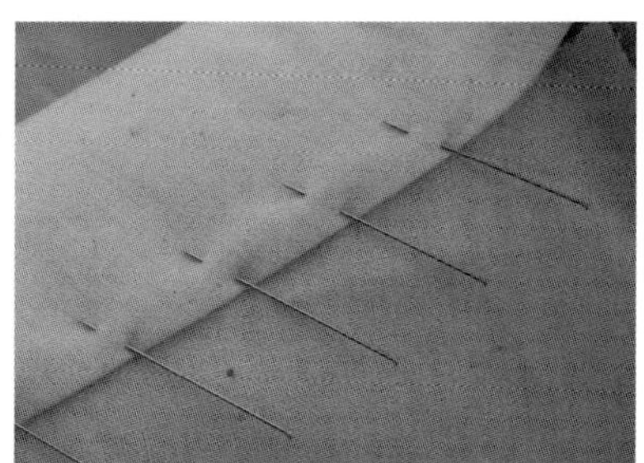

图 1-51

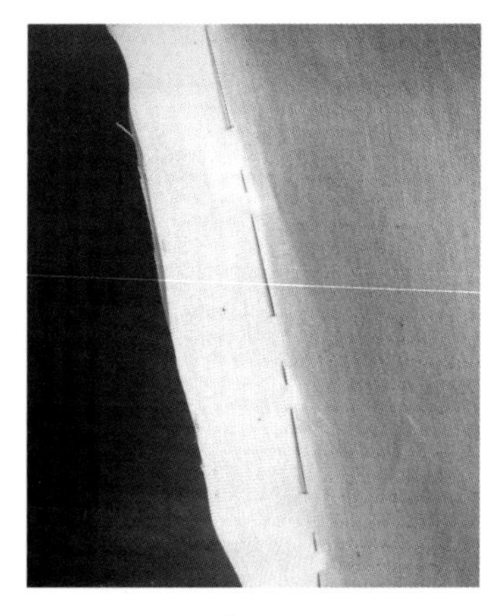

图 1-52

图 1-53

图 1-54

实训内容、技能目标及要求

一、基准线标示

1. 内容：以所使用的人台为对象，标示出各部位基准线。

2. 能力目标：在人台上标示出基准线，确保各部位基准线准确无误。

3. 要求：

（1）在给定的人台上用立体裁剪标示带粘贴基准线。

（2）完成人台的颈围线、胸围线、腰围线、臀围线、前中心线、后中心线、公主线、侧缝线、肩线、袖窿线、背宽线等基准线的标示。

（3）对称线尺寸一致，标线时曲线圆顺、直线顺直。

二、手臂的制作

1．内容：按给定的尺寸完成手臂的制作。

2．能力目标：准确制出手臂图版，完成缝制与工艺组装，保证其造型美观。

3．要求：

（1）按给定的人台尺寸与比例关系，绘制手臂的裁剪图。

（2）完成缝制、填充棉的制作及臂根挡布、手腕挡布固定。

（3）手臂造型弯度及软硬度恰当，标线时曲线圆顺、直线顺直。

✂项目二 服装基础型立体裁剪

学习目标

了解立体裁剪的基础造型的基本原理，掌握立体裁剪的基本手法，结合省的转移理解人体的特征，进一步掌握省的变化和设计，熟悉立体裁剪的别样、成型、描图制版的全过程。

任务一　紧身衣的操作

一、人台基准线的标示

基准线的标示，是立体裁剪操作之前必要的准备工作。

（1）准备前衣身一片，后衣身、前侧片、后侧片各两片。布片长度用量：前后片是从人台侧颈点开始向下获取衣长，侧片是从结构分割点开始向下量至衣长，再加 8 cm 左右；宽度的用量是在人台胸围线上水平方向最宽处测量数据后追加 6 cm 左右操作量（图 2-1）。

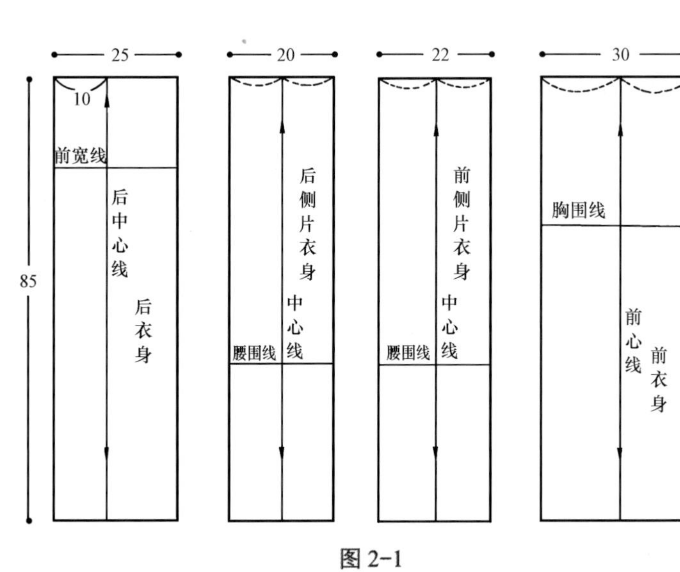

图 2-1

（2）用熨斗整理纱向使布片的经纬纱向垂直，是保证立体裁剪准确性的重要步骤。

（3）在每一片坯布上画经纬纱向线。

二、别样

（1）将前衣片前中心线、胸围线与人台的前中心线、胸围线对准，在前颈点下方用大头针固定，同时在左右胸高点用大头针固定，保持平直。臀围线与中心线交点用大头针固定（图 2-2）。

（2）沿中心线向下开剪，至前颈点上方 1 cm 处，并从胸高点向上找到侧颈点，用大头针做好，将领口线保留 1 cm 的余份，剪掉多余的部分，在侧颈点用大头针固定（图 2-3）。

为了消除领围的皱褶，在领围缝份上打剪口，使之贴合人台颈围线。用同样的手法对称地操作出另一半领口造型。

（3）依据人台上的基准线，在前衣片上用标示带贴出公主线，腰节处打剪口，以便更好地贴服人台腰部曲度线。保留 2.5 cm 左右的调整量，将余部分剪掉（图 2-4）。

（4）前侧片的胸围线、中心线与人台上的胸围线、纵向垂直线相对合，在胸围线、腰围线及臀围线上用大头针做固定（图 2-5）。

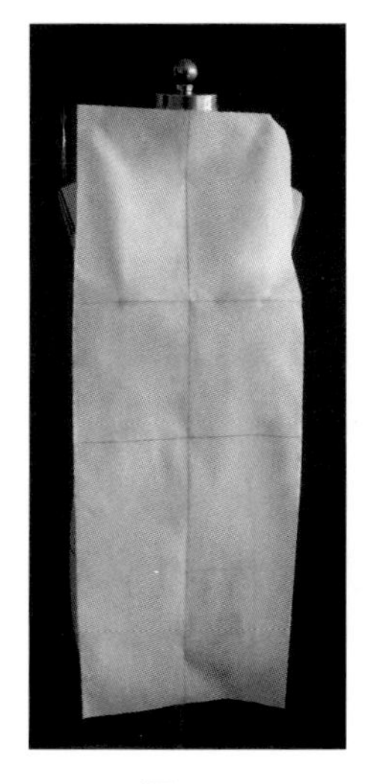

图 2-2

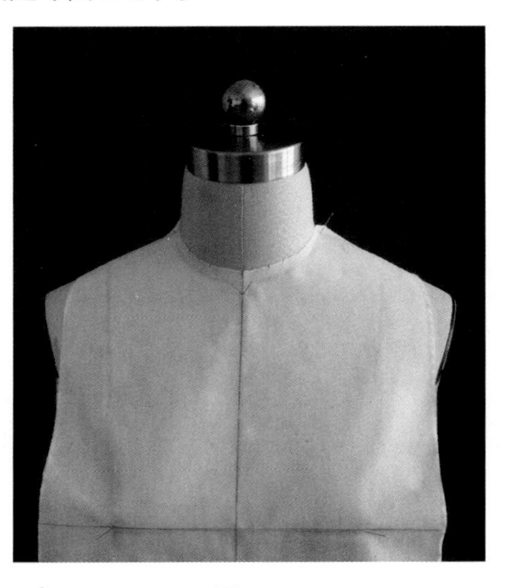

图 2-3

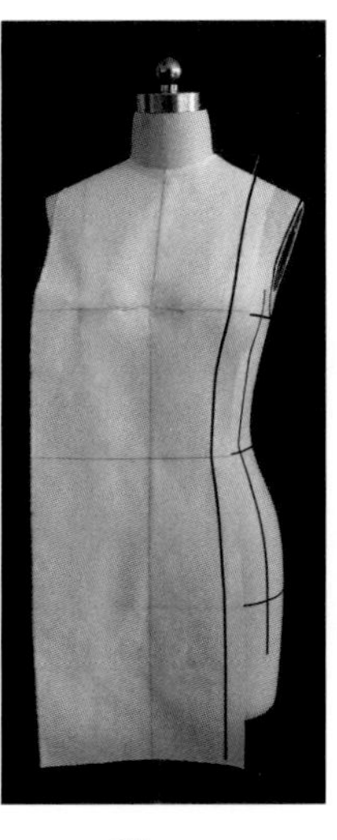

图 2-4

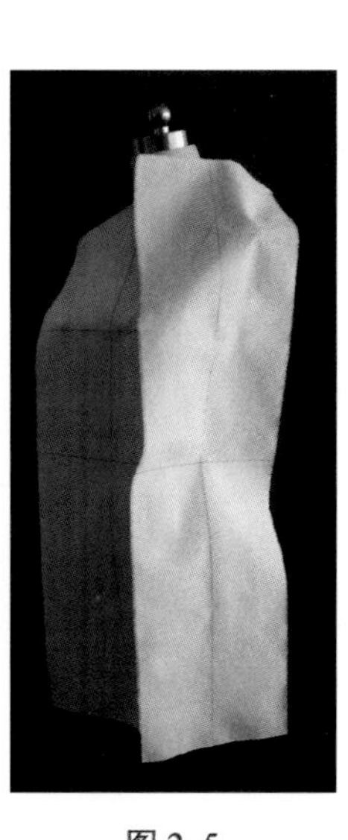

图 2-5

（5）前侧片与前衣片的胸围线对准，同时注意腰围线、臀围线的纱向保持水平，用抓合针法将两片贴着人台不留松量别合，剪掉多余的布。

在胸高点附近出现缩缝和拔开的量，处理时也要保持纱向的一致性。

参照人台的基准线，保留 2 cm 的余量，修剪袖窿和肩部多余的布（图 2-6）。

（6）将后衣片的后中心线、背宽线与人台上的相对应基准线对合，并用大头针固定，在腰部开剪，使其与人台复合，用针固定腰部及臀部（图 2-7）。

（7）保留 1 cm 的余量，剪掉后领口多余的量，并在领口上打剪口，用大头针在侧颈点固定，修剪肩部多余的部分，保留 2.5 cm 的余量。

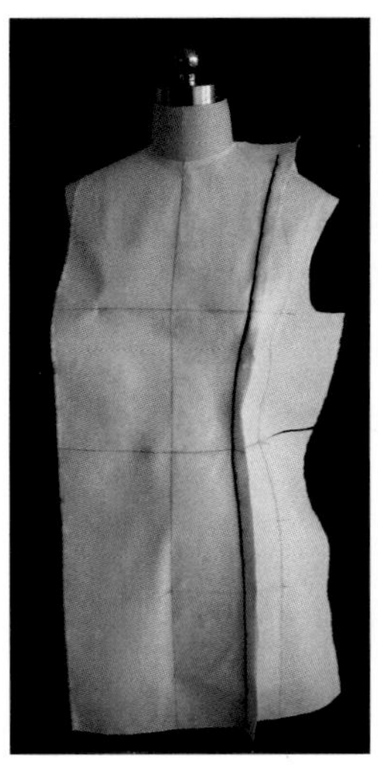

图 2-6

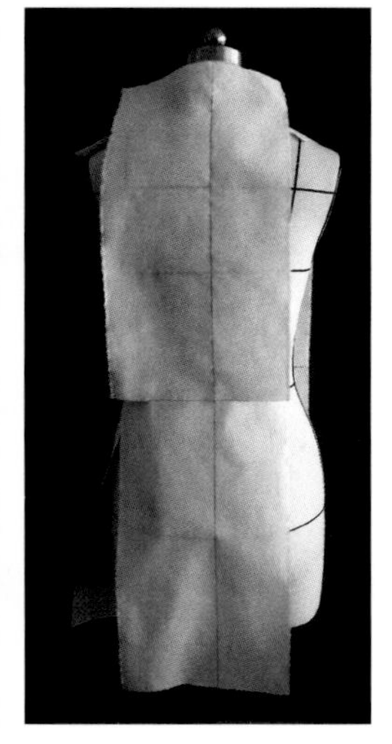

图 2-7

在后衣片上参照人台用标示带贴出后公主线。在侧面的腰围线处打剪口（图 2-8）。

（8）后衣侧片与前衣侧片的操作方法相同。后衣片与后衣侧片用抓合法别合，保留 2.5 cm 的调整量，剪掉多余的布。注意其胸、腰、臀的纱向保持水平。

将前肩线与后肩线沿着人台的基准线进行抓合固定，修整肩部、袖窿部分多余的布（图 2-9）。

（9）用抓合针法将侧缝从腰部开始向上、下用大头针别合，在腰部凹进的缝份部分打剪口，使其不起皱。臀部突出部分注意放入一定的缩缝量。

保留 2.5 cm 的调整量，剪掉侧缝多余布，观察衣身别合的圆顺程度，纱向是否水平和垂直，并进行适当的调整。

对整体的衣身结构线和造型线做好标记，用铅笔沿着大头针别合的线进行点影，对领围线、袖窿线的位置也做点影，同时对必要的对位点进行特殊符号的标注（图 2-10）。

（10）将别合好的衣身布样从人台上取下，拔掉大头针，在平面上检查其尺寸，修整不圆顺的点，进行画线，以确定净份线的尺寸(图2-11)。

（11）将归、拔的位置做适当的修整。保留 1 cm 的缝份，用熨斗整理平整（图 2-12）。

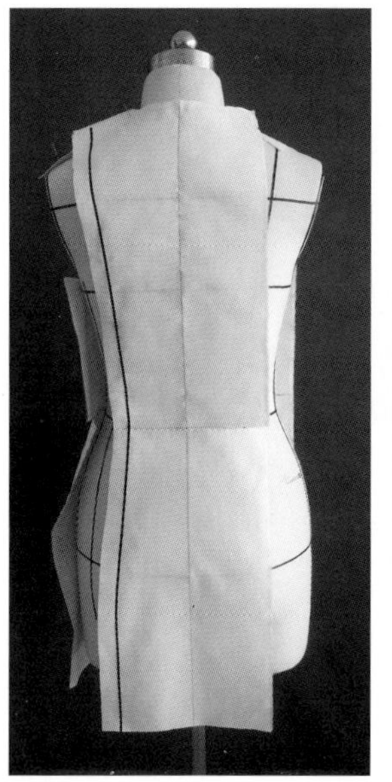

图 2-8

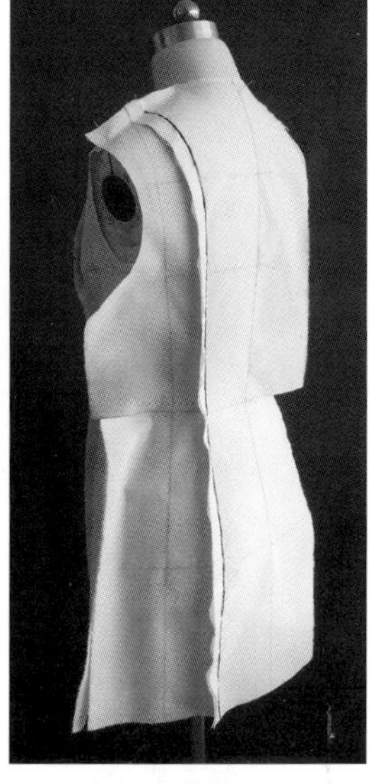

图 2-9

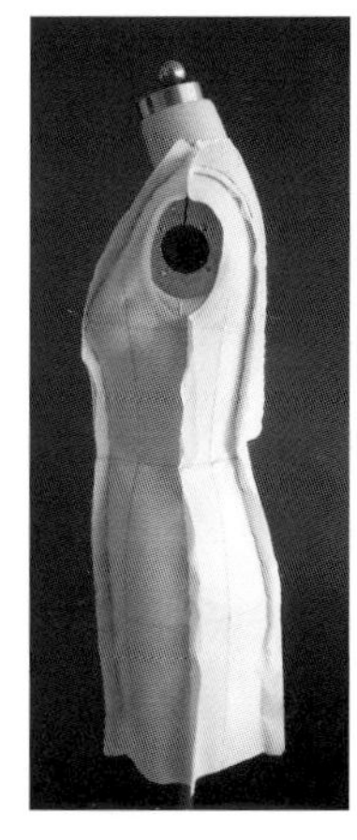

图 2-10

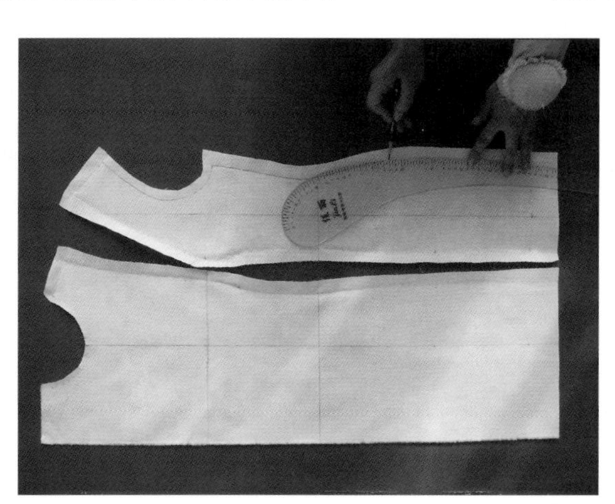

图 2-11

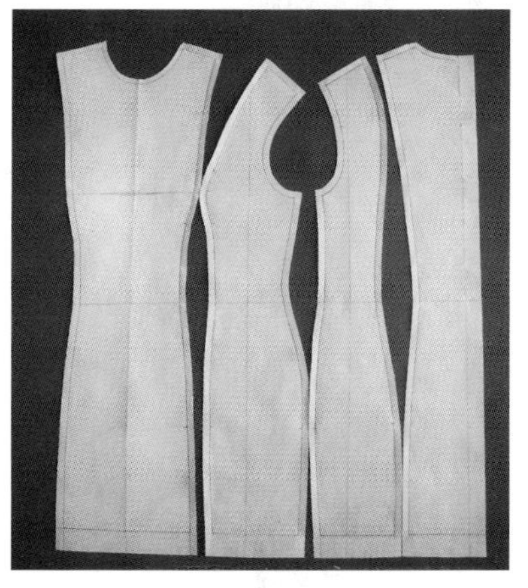

图 2-12

三、描图

1．复片

复片是指复制另一侧的衣片。将复写纸放入样片和坯布之间，上下布片的纱向一致，用齿轮刀沿净线滚动或用铅笔做点线，放出缝份，裁出。

2．拓版

对操作完成的衣片进行拓版。拓版是为了得到用于工业生产的版型，可以是净版，也可以是毛版。

首先，整烫立体裁剪后各衣片，将透明硫酸纸覆盖在衣片上，然后根据需要画出净版或毛版。同时，需要将各片上的胸围线、腰节线、臀围线及对位记号点进行标注。

3．调版

参照衬衫调版方法。

四、成型

（1）将修整、复片之后的布样在平面上别合，前、后公主线缝份倒向中心，侧缝线倒向前片，后肩线压前肩线进行别合。

将别合好的一半样衣穿在人台上并再次确认，检查样衣是否平整，各结构线是否平衡，底边内折后熨平，再一次修整不平服的部分（图 2-13 至图 2-15）。

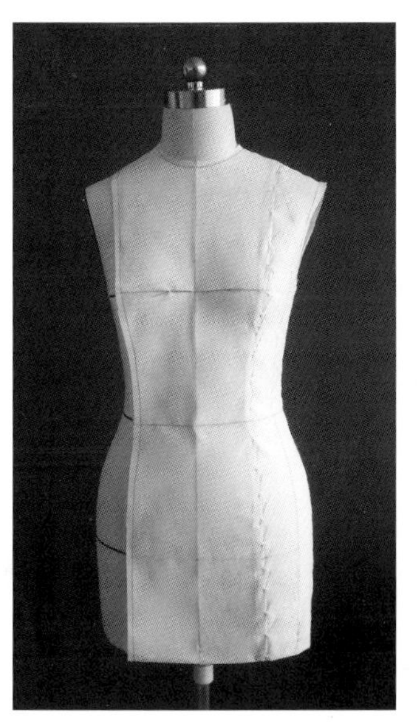

图 2-13

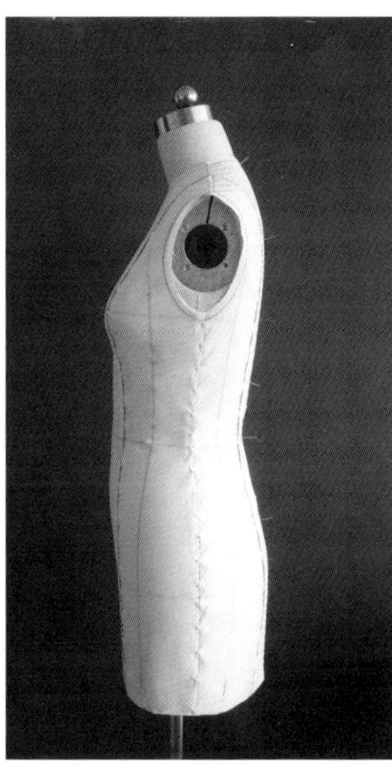

图 2-14

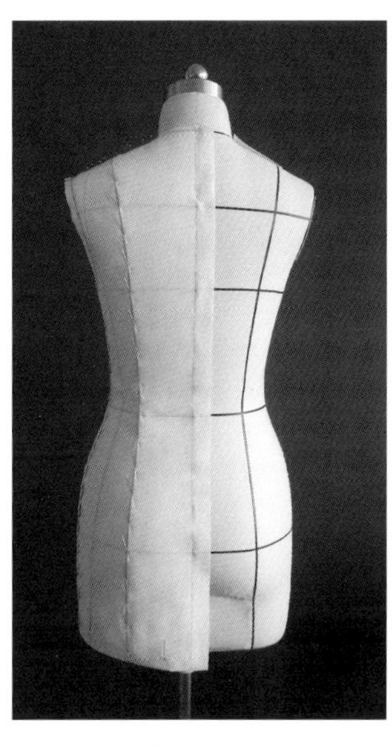

图 2-15

（2）对调整好的衣片进行缝制，将后中心向右折倒，压向左片，用折叠针法别合（图 2-16 至图 2-18）。

（本书将别合成型作为最终结果，省略了样衣缝制步骤，根据需要完成其缝合步骤）

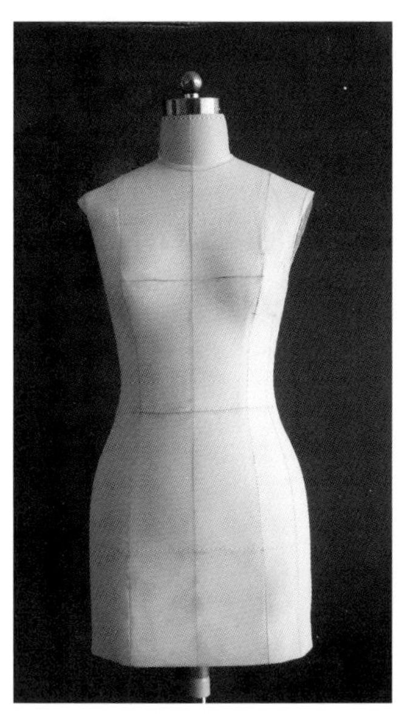

图 2-16

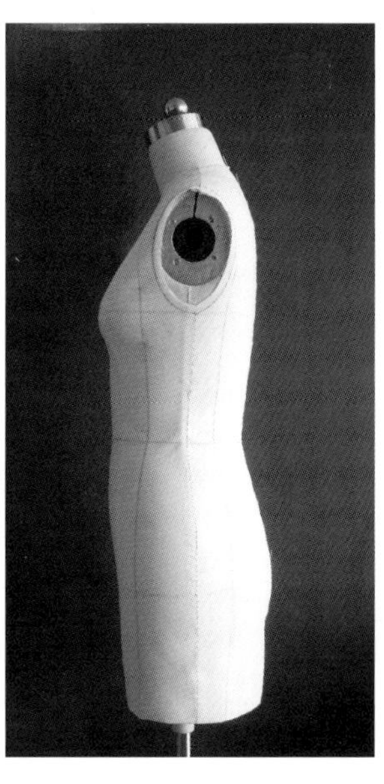

图 2-17

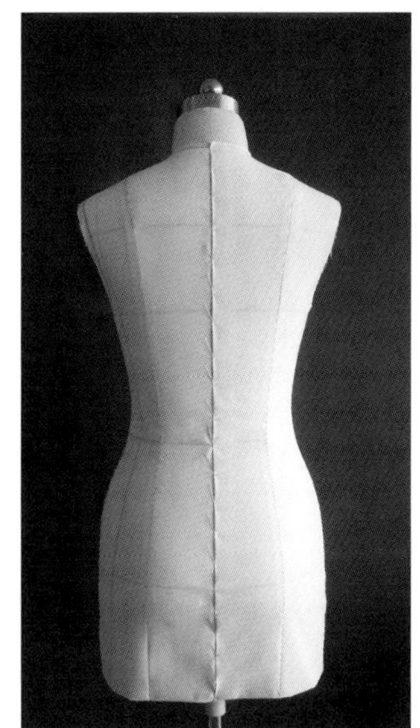

图 2-18

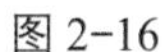

任务二　衣身原型立体裁剪

原型的立体裁剪是平面裁剪的基础，而衣身的原型省道变化又是服装设计的关键。

一、衣身原型的种类

原型的种类有很多，根据不同的服装款式使用不同的原型，是完成服装结构制图获得版型的捷径之一。

（1）文化式原型所呈现的造型，前后衣片均为垂直的箱形，后肩部收省，适合于直身形造型的服装做基础版型。

（2）前梯形、后为箱形并且前袖窿收省的原型，多在休闲服装中使用。

（3）前收紧、后箱形、后肩收省的原型，多用于前身有形后身较为宽松造型的服装。

（4）前后身均为梯形的原型，适合做宽松服装造型的基础版型。

（5）前后紧身、前袖窿收省的原型，适合于合体型服装造型做基础版型。

（6）前箱形、后梯形、前袖窿收省的原型，适合于前身较直而后身表现宽松的服装造型。

二、衣身原型操作（紧身型）

紧身型衣身原型在前衣片做了腰省和袖窿省处理，在后衣片完成了肩部和腰部的收省（图 2–19）。

图 2–19

1．坯布准备

（1）坯布的用量可以直接在人台上获取，也可以将前衣片长从侧颈点经胸高点到腰节的尺寸 6 cm 缝份，后衣片也从侧颈点经肩胛骨高点至腰节长加 6 cm。而前、后片宽度的确定从中心到侧缝的宽加 10 cm（图 2–20）。

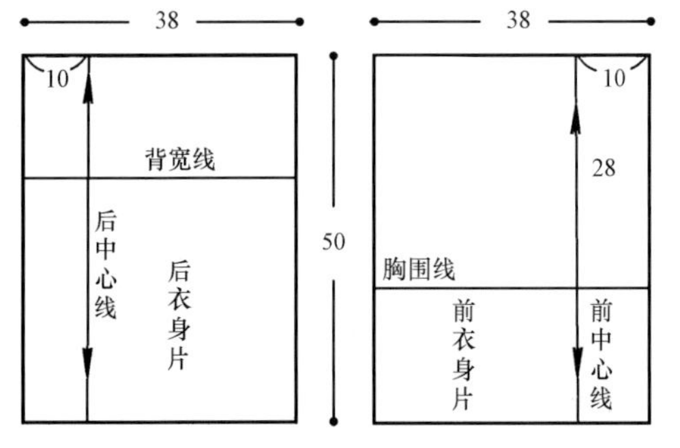

图 2–20

（2）用熨斗熨平布片，确认布片纱向的纵横纱向保证垂直。

（3）在每一片坯布上标示出纱向和操作时所需的部位基础线。

2．人台准备

参考前人台基准线标示方法，人台肩部加放 0.5 ~ 0.8 cm 肩垫作为原型肩部所需松量，由肩点放出 0.5 ~ 0.8 cm 的冲肩量。重新贴好袖窿线、肩线（图 2–21）。

3．别样

（1）前衣片前中心线、胸围线的基准线与人台的前中心、胸围线的基准线吻合对齐，在领围线下前中心上用大头针固定，同时在左右 BP 两点用大头针固定，并使之保持平直状态。在臀围线与中心交点用大头针固定。

将中心线开剪距前颈点 1 cm 处为止，并从胸高点沿着人台，顺着布丝找到侧颈点，用大头针做出标记，将领口线保留 1 cm 余份，剪掉多余的部分。在领口上打适当的剪口，使之与人台更加贴服，并在侧颈点用大头针固定（图 2-22）。

（2）胸围线处水平加放 1.5 cm 或 2 cm 左右的松量，在侧面胸围线上用针固定，侧颈点到肩点平铺，在肩点固定（图 2-23）。

（3）袖窿部多余的量集中到前腋点位置，留出一手指的空间余量，其余部分作为袖窿省量，用抓合针法向 BP 点别出省道。

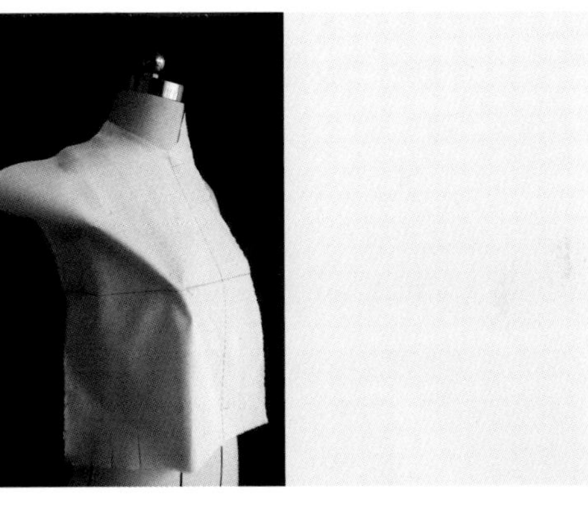

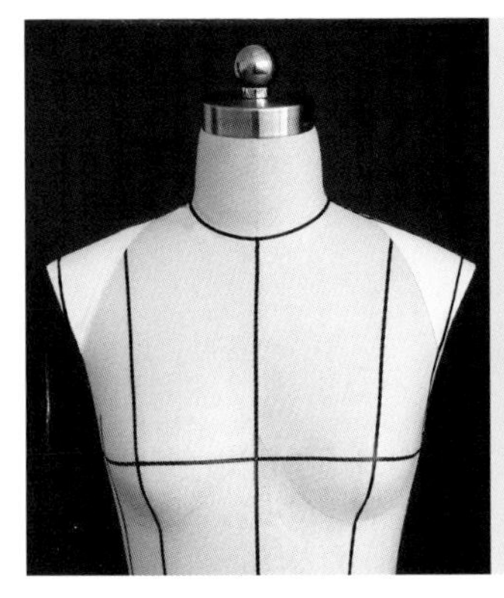

图 2-21

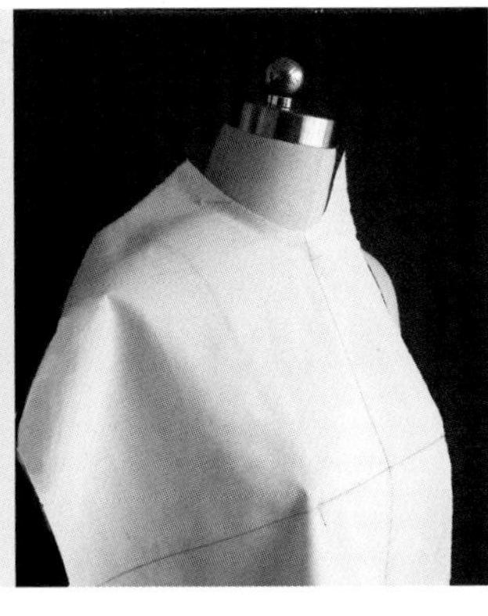

图 2-22

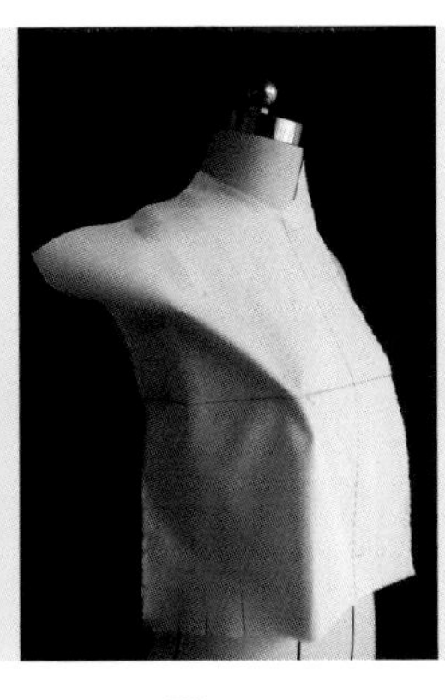

图 2-23

注意别合时不能紧贴人台，要保留一定的空间，省尖与胸高点有 3 ~ 4 cm 间距，省道自然圆顺地消失到省尖。剪去袖窿处、肩部多余的布（图 2-24）。

（4）从侧缝线自上到腰节完全贴服在人台上，用大头针在腰部固定，腰部留有一定的活动量。在胸高点以下沿公主线将余量垂直抓合起来，确定省尖的位置，在腰部保留 1/3 的余量做活动松量，其余量作为省量，用抓合针法别合依次顺延到省尖（图 2-25）。

（5）后衣片的中心线、背宽线与人台的中心线、背宽线对准，用大头针固定，沿中心线自上而下地平铺在人台上，后中心线偏离的部分是后中心省道的量，用大头针在腰部固定。剪去领部多余的布，用针在侧颈点固定，在领部不平整的地方打剪口（图 2-26）。

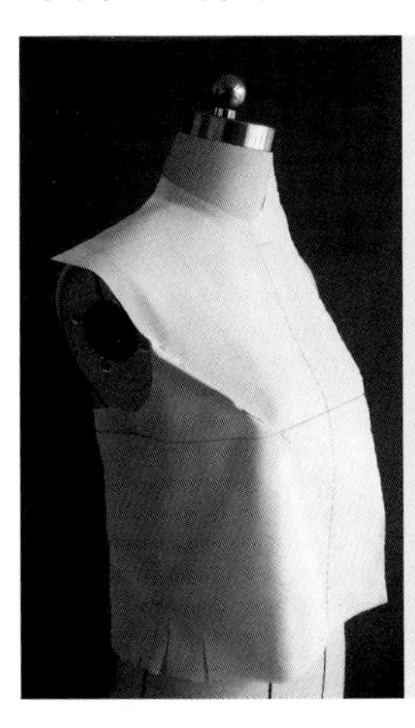

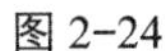

图 2-24

图 2-25

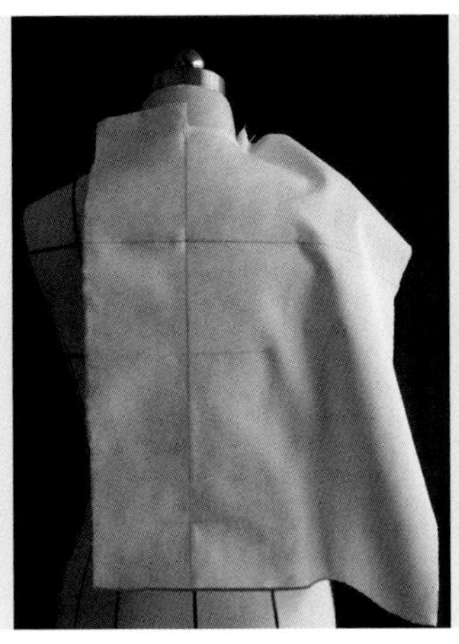

图 2-26

（6）在后胸围线水平地放入 3 cm 的松量，在侧缝用大头针固定，并顺延到背宽线上，形成自上而下的箱形轮廓，从肩端向颈部推进小部分余量，紧贴着肩背将肩省抓合出来，省尖指向肩胛骨方向（图 2–27）。

（7）沿着人台肩部的基准线，用抓合针法别合前、后肩缝份，剪去肩部、袖窿多余的布。从侧缝固定点向下捋顺至腰节固定，同时将腰线以下打剪口使衣片复合腰部曲度变化（图 2–28）。

（8）将后片所有的余量在公主线位置进行抓合针法固定，其中腰部省量的 1/3 留作松量，2/3 作为省量，省道自然顺延并指向肩胛骨位置（图 2–29）。

（9）将前后衣片的松量各自推向中心方向，在胸、腰、臀围线进行固定，后侧缝与前侧缝水平对齐，紧贴人台侧缝线用抓合针法别合，保留 1 cm 缝份，并剪去多余的布（图 2–30）。

（10）观察各部位的形状、松量及对合情况，调整之后，将前后领围线、肩线、袖窿线、侧缝线、腰围线、各省道线画出点影线和对位记号（图 2–31）。

（11）取下衣身，拔掉大头针，在平面上铺平观察（图 2–32）。

（12）对操作不准确的部位线进行修正，画出净版，并根据部位不同放出保留 1 ~ 1.5 cm 的缝份，剪掉多余的布（图 2–33）。

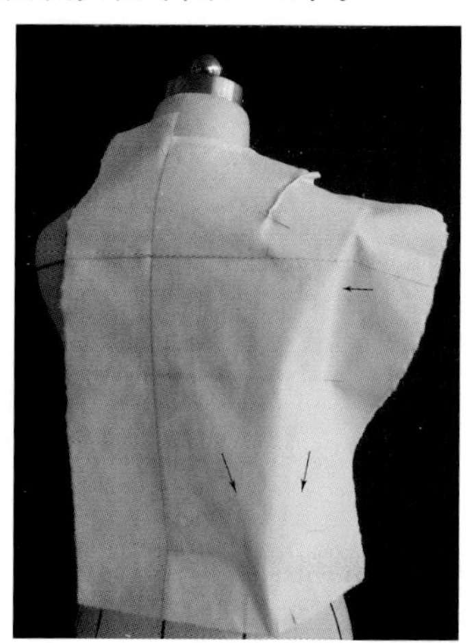

图 2–27

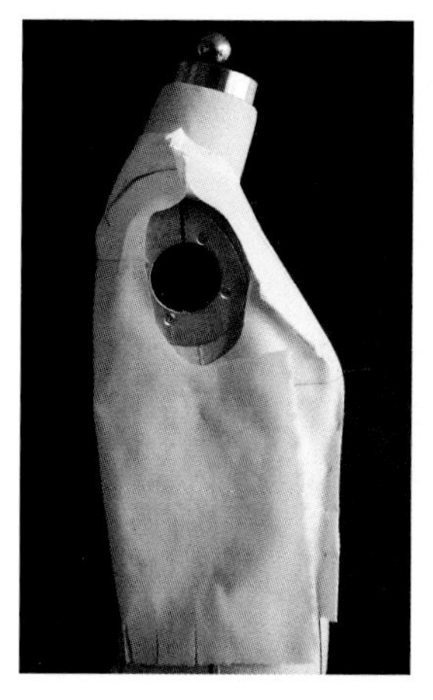

图 2–28

图 2–29

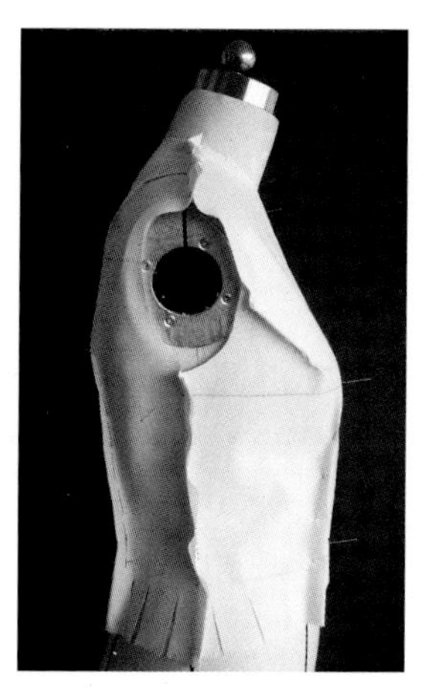

图 2–30

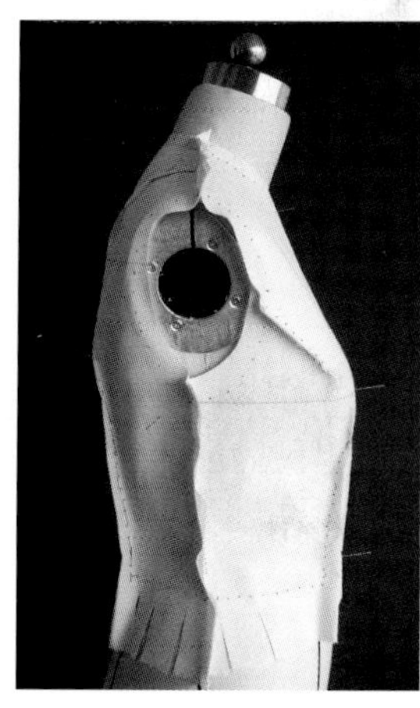

图 2–31

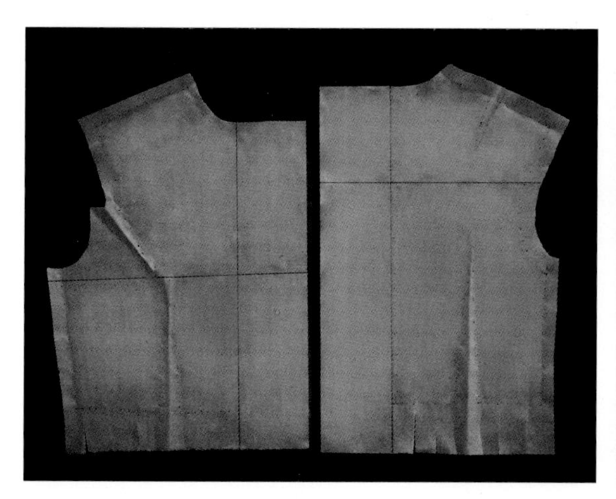

图 2–32

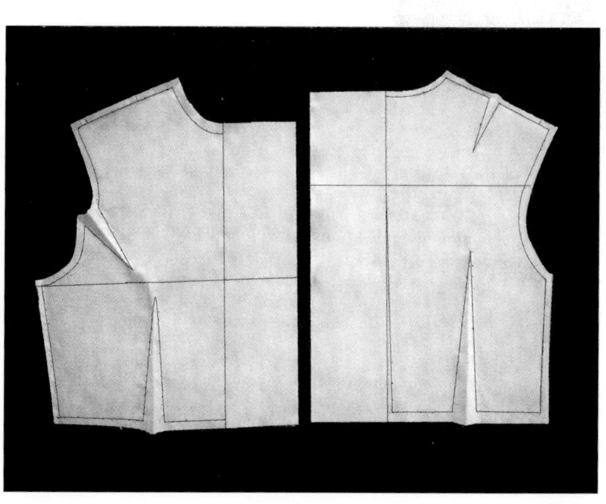

图 2–33

（13）用折叠针法别合后肩省，其中心折向后中心方向。肩缝份倒向后身，再用折叠针法固定，然后画顺领围线和袖窿线。

用折叠针法将前后片腰省别合折向中心侧，侧缝别合后折向前片，然后画顺腰节线。重新确定后中心线（图 2-34）。

（14）将别合成型的衣身穿在人台上，观察衣身的平整和曲度关系，进行调整（图 2-35）。

（15）再将调整好的衣身取下，对衣身片中的线进行修正，再次整理、熨烫，进行复片和拓版。（本步骤参照紧身衣操作方法）

用折叠针法别合或缝制的手法完成样衣成型（图 2-36 至图 2-40）。

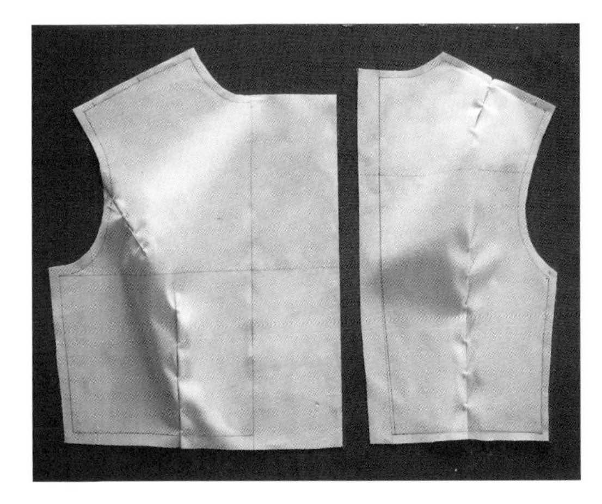

图 2-34

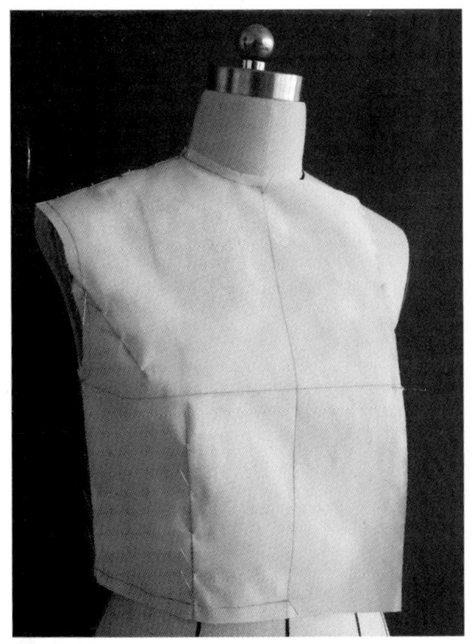

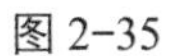

图 2-35

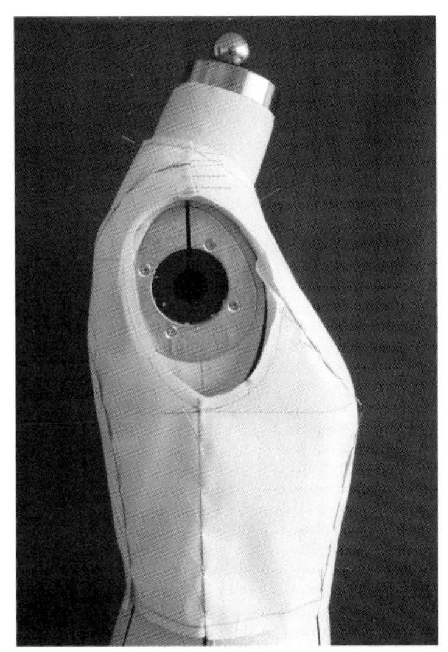

图 2-36

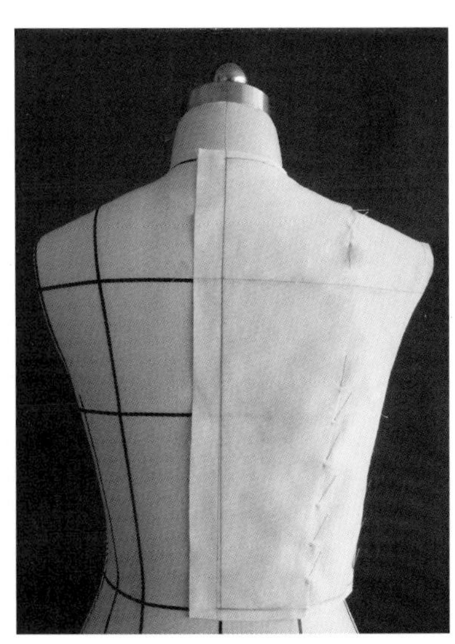

图 2-37

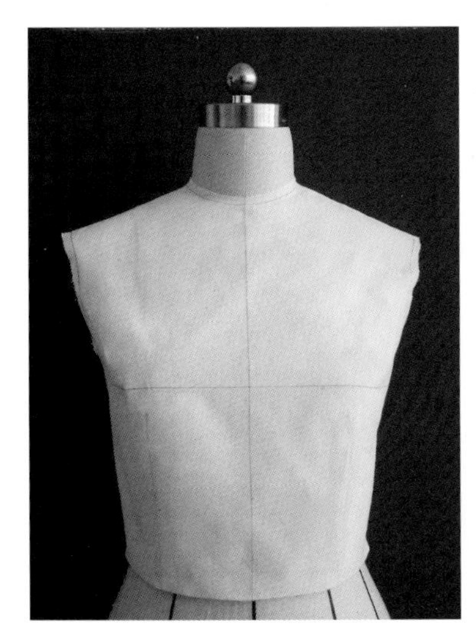

图 2-38

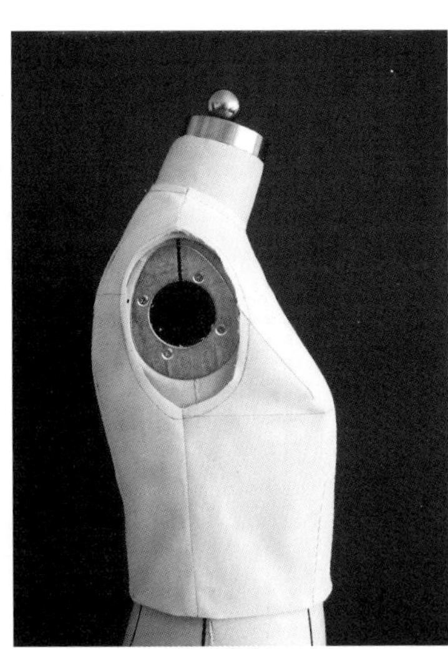

图 2-39

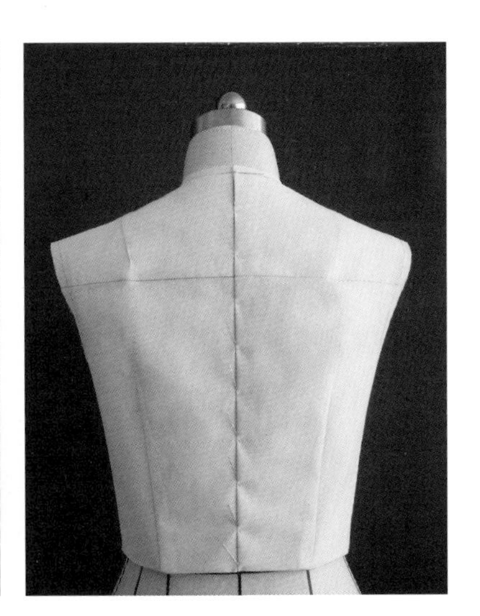

图 2-40

任务三　衣身原型省道转移

前衣身的省道可以围绕胸高点进行 360° 的转移，即从胸腰省的形式转换成其他部位的省形式。大致归纳为以下六种：领口省、肩省、袖窿省、侧缝省、腰省和门襟省，在实际应用中可以将省量全部转移，也可以部分地转移。省道可设定为单省，也可以为两个以上的复省同时存在。

后衣身的省道分为肩背省和腰省两部分，二者不能合并为一，但可以根据款式的需要将后肩省作为吃量省掉。以下的衣身原型省道转移操作只将前片作为重点介绍，后片作为辅助，人台的基准线标示与坯布的准备等可参考衣身原型操作部分，在此不做重点介绍。

衣身原型省道转移操作

一、肩省

此款原型将前片胸腰省量、袖窿省量转移到肩部，后片只在肩部做收省处理，呈现箱形变化（图 2-41）。

（1）将前衣片的前中心线、胸围线与人台对应的部位相对准，在前颈点、两胸高点用大头针固定，注意胸高点之间拉平，不能出现凹陷。领围剪去多余布，打剪口整理平服。

保持胸围线水平，从侧缝向胸高点方向轻推出需要的松量，在侧缝处固定。胸围线以上的余量在肩线约 1/2 处捏省，省尖指向胸高点（图 2-42）。

（2）确认省量、位置和方向，保留胸宽处和胸高点周围的松量，别出省道。将肩线和袖窿处多余的布剪掉。

在侧缝处，由固定点向下，衣片靠向人台，找出侧缝线并在腰部固定。保证胸腰部的空间量，自然形成箱形，腰部缝份打剪口服贴于人台（图 2-43）。

（3）将后衣片纵向、横向标志线与人台的后中心线和肩胛骨高点水平线对齐。由下至上向侧颈点方向抚平衣片，在后颈点下方用大头针固定，沿领围线向侧颈点边推边剪去领围的余量，打剪口使其平服，并保留一定的松量。

沿背部向下抚平衣片，与人台贴合，后中心线处形成倾斜，向右侧偏移的量可作为后背中心的省道量。

从中心线向背宽处沿水平方向轻推衣片，至肩端点处向上，在后肩部形成肩省。保证肩胛骨周围的松量，确认肩省在肩缝线上的位置，省尖指向肩胛骨最高处，用大头针固定（图 2-44）。

（4）给背宽处加入一定的松量，在侧缝处固定。抓合前后衣片的肩线，剪去肩部和袖窿处多余的布，同时注意保持背宽侧面的松量。

图 2-41

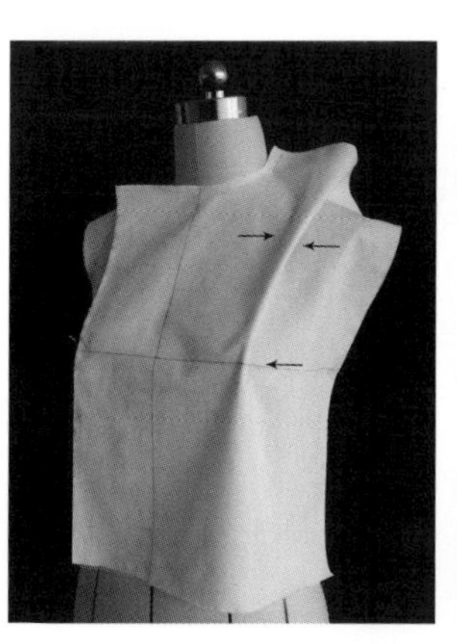

图 2-42

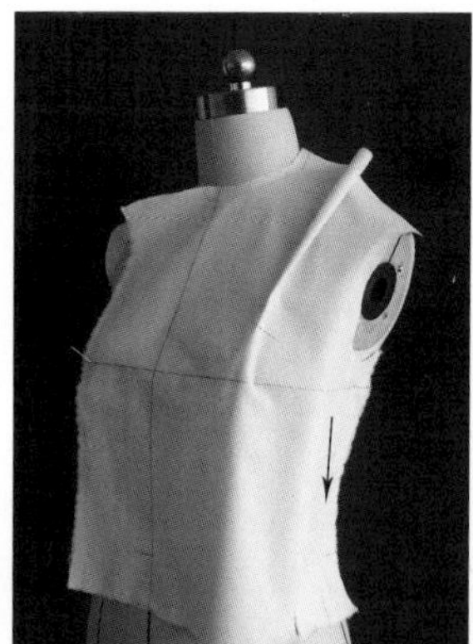

图 2-43

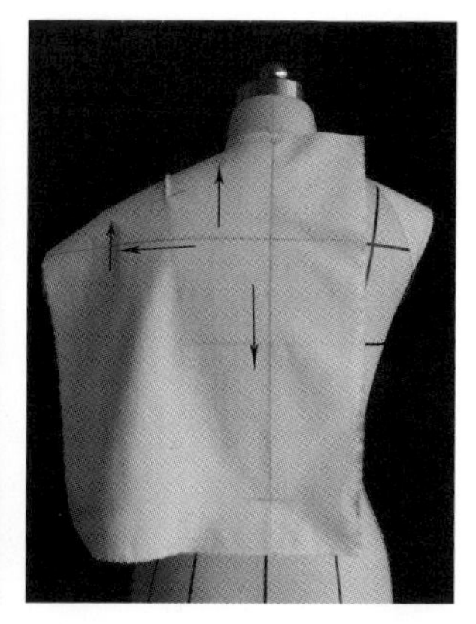

图 2-44

从腋点向下沿侧缝衣片靠向人台，在腰部固定。确认胸围和腰部的空间量，腰部缝份打剪口服贴于人台，前后侧缝线对齐，抓合，用大头针固定（图 2-45）。

（5）画点影后取下衣片，进行调整并重新用折叠法别合，在人台上试穿并对衣身的空间量、省量、领围线、肩线、袖窿线等进行观察，进一步修改和确认（图 2-46 至图 2-48）。

（6）从人台上再取下前、后片，平面展开，后中心线偏移线画顺，将调整好的衣片画出净份和缝份版（图 2-49、图 2-50）。

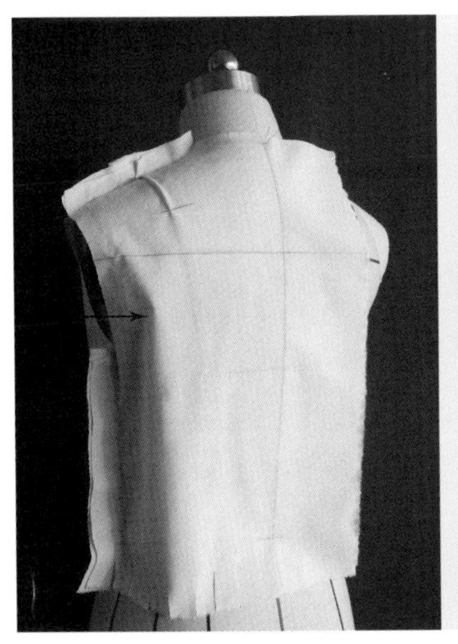

图 2-45

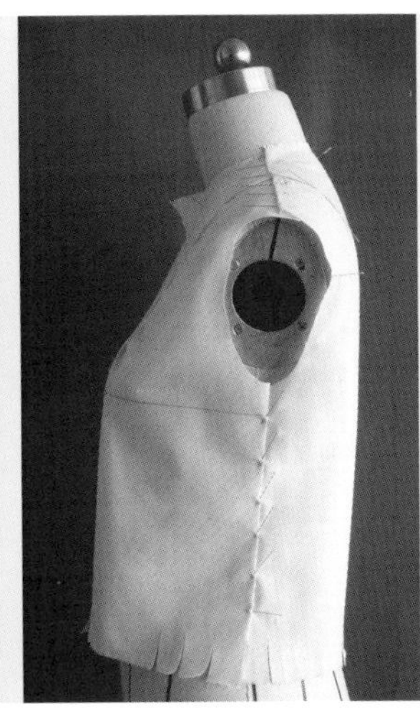

图 2-46

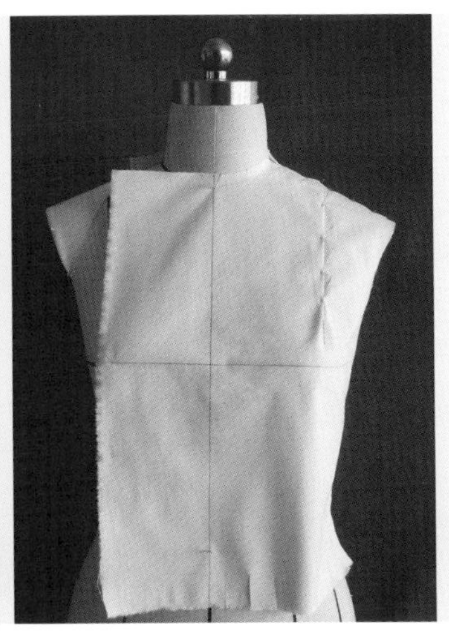

图 2-47

图 2-48

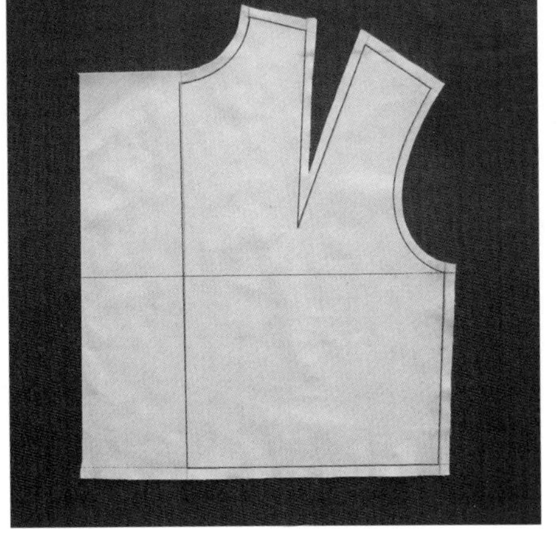
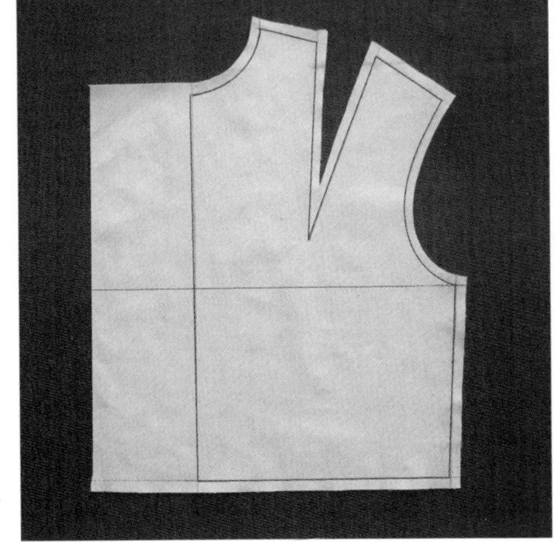

图 2-49

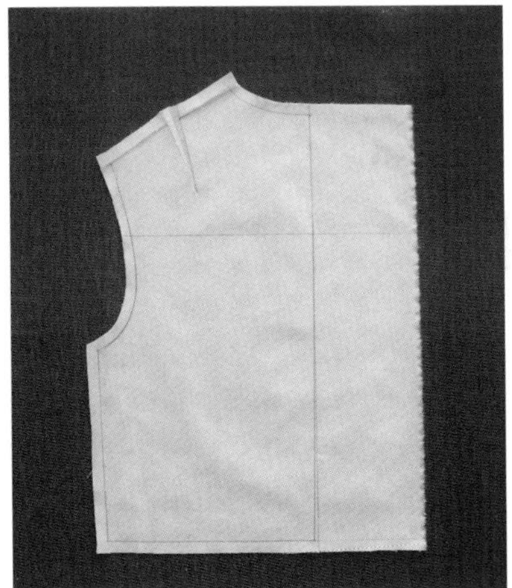

图 2-50

二、领口省

此款原型是将前片省量转移到领口部（图 2-51）。

（1）将前衣片的中心线对准人台中心线，胸围基础线与人台中相对应的基准线保持一致，固定胸高点。保持胸围线水平，从侧缝向前轻推为前衣片加入松量，在侧缝处固定。

顺着人台侧面走势，将侧缝处衣片抚平，保证胸围和腰部的空间，确定侧缝，在腰围线处固定，腰围缝份打剪口。

在前衣片领围上确定省位，将袖窿处的余量向肩部转移，再继续推向前衣片领围省位处，形成指向胸高点的省型（图 2-52）。

图 2-51

（2）确保胸高点周围和侧面的松量后，观察省的方向和位置及省量，抓合并用大头针别出省道。清理领围、肩线、袖窿以及侧缝线等，保留缝份，将余布剪去（图 2-53）。

（3）将做好的衣片进行点影，取下后进行调整，重新别合后放入人台进行再次观察和调整（图 2-54）。

（4）将衣片取下画出净份和缝份版（图 2-55）。

图 2-52

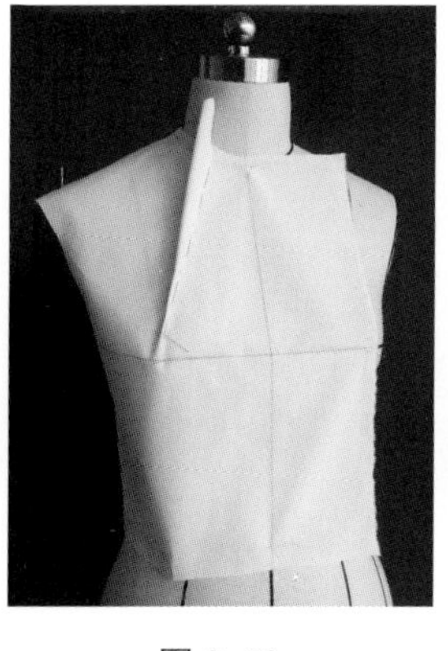

图 2-53

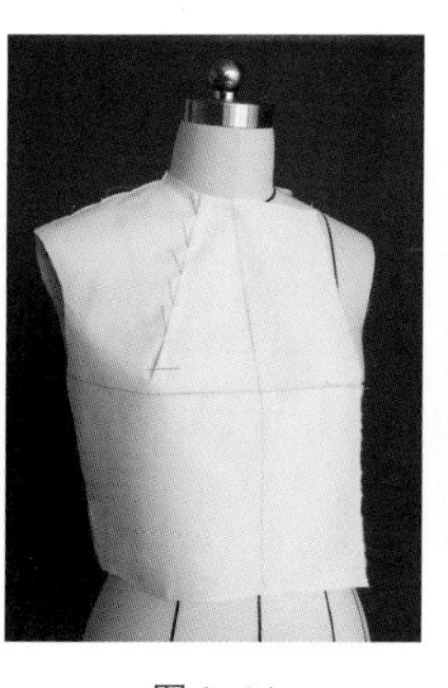

图 2-54

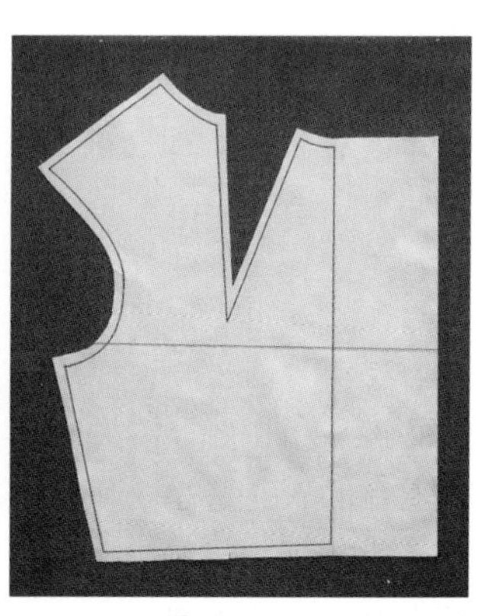

图 2-55

三、侧缝省

此款原型是将前片的省量转移到侧缝部分（图 2-56）。

图 2-56

（1）前衣片前中心线、胸围线与人台对应的基准线对准，固定前颈点下方和胸高点，向上抚平衣片，剪去领部多余的量，打剪口使领部平服。从颈部到肩部平推衣片，使余量倒向侧缝（图 2-57）。

（2）腰部放 1.5 cm 左右的松量，用大头针固定侧缝，同时在腰部打剪口使布与人台曲线复合。其余省量推向侧面胸围线（图 2-58）。

（3）从侧缝向前轻推，使前胸宽在胸围线上加放 2.5 cm 的松量，以胸围线为折线，抓合省量找出省道的位置，省尖距离胸高点 3 cm 左右进行折叠别合，注意要顺延到省尖，表面不可以产生尖角。

轻拉衣片侧边，形成箱形衣身。观察衣身的外形及松量，在腰围线侧缝处固定，腰围缝份根据情况打剪口。用折叠针法直接进行成型别合。

剪去肩线、袖窿及侧缝余布。

沿净份做点影线，取下修整版型，重新别合并检查在人台上的穿着效果（图 2-59）。

（4）最后将调整好的衣片取下，点影、修整，画出净份和缝份版（图 2-60）。

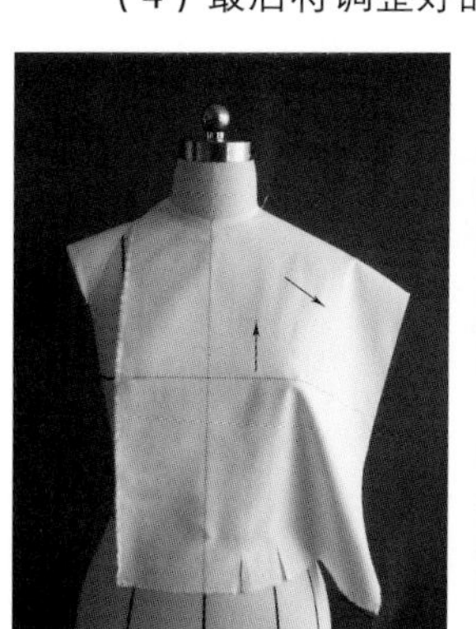

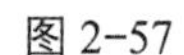

图 2-57

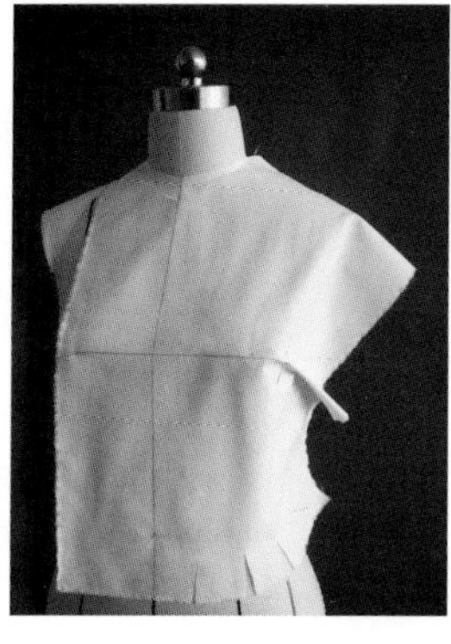

图 2-58

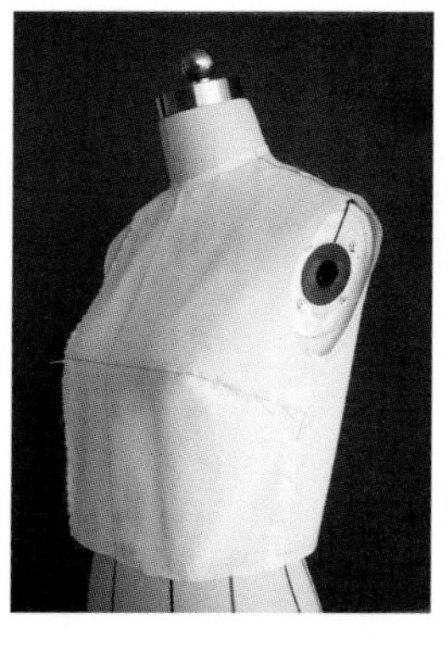

图 2-59

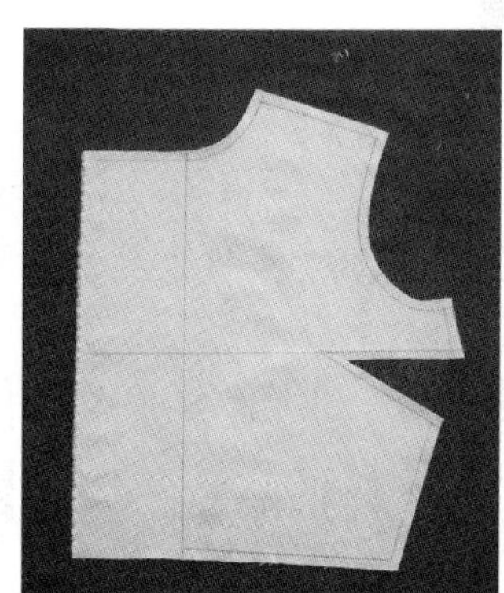

图 2-60

任务四　衣身原型省道的变化设计

胸省的变化是服装衣身设计变化的重点，设计师往往通过省道在同部位中的表现和组合，完成结构分割和造型设计。在此重点介绍前衣身操作，后衣身只做辅助操作。坯布准备与人台基准线的标示参考衣身原型操作方法。

一、前中心省设计

此款设计是将胸腰省转移到前中心胸高点之间的省，余量产生了搭门或缝份量的设计，止口做了收省处理使腰部收紧，胸部与人台复合的衣身造型如图 2-61 所示。

图 2-61

（1）前衣片的中心线、胸围线与人台对应的基准线对准，在前颈点向下一点和两胸高点用大头针固定，剪出领围线。在侧颈点固定并顺势平服出肩线，在肩点固定。

胸围以上与人台平服，多余的量向下推向前中心，此时的胸围线不在水平位置上，在前胸宽加入一定的松量，在侧缝固定，顺势向下在腰线上固定大头针。将胸腰部多余量推向中心（图 2-62）。

（2）沿前中心线自下而上剪，并向上在胸围线捏出横向省量和省尖位置，并剪开省道，不能剪到省尖（图 2-63）。

（3）别合好横向省道。在腰部留出一定的松量，将左右多余的部分用重叠针法别合（图 2-64）。

（4）用折叠针法直接对中心进行成型别合，剪掉腰部多余的布，边别合边观察衣身的松量和造型，不断地调整。修剪肩部和袖窿部多余的布。用同样的手法对另一半做出对称操作（图 2-65）。

（5）做点影和标记，修整衣片，画出净份和缝份版（图 2-66）。

（6）缝合完成效果如图 2-67 所示。

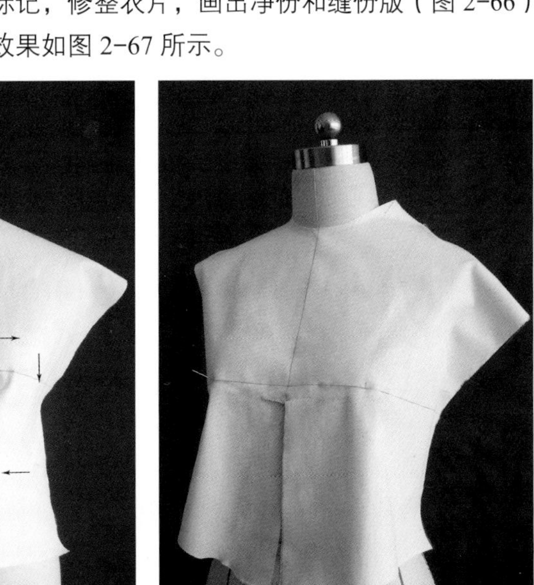

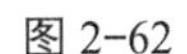

图 2-62

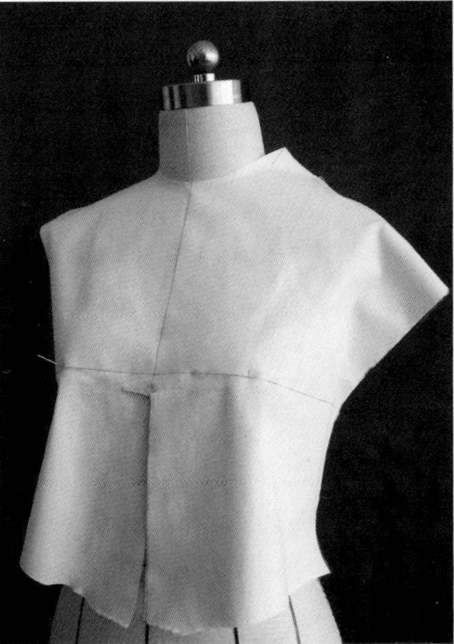

图 2-63

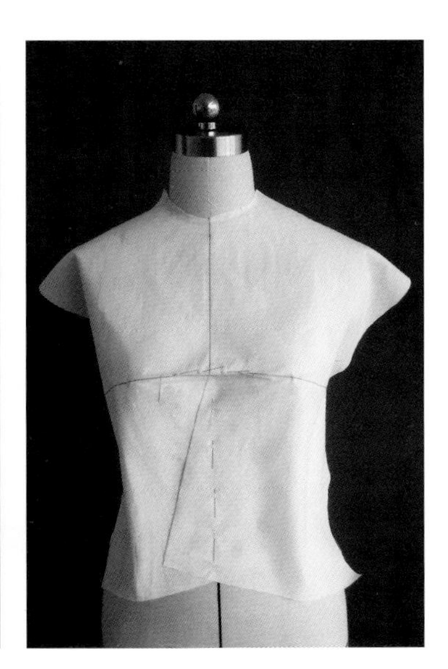

图 2-64

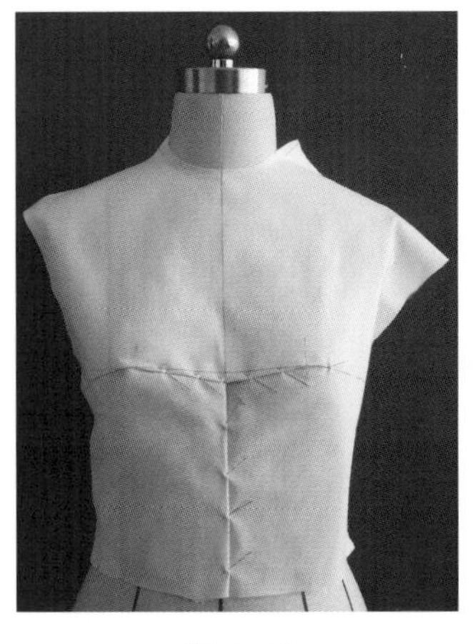

图 2-65

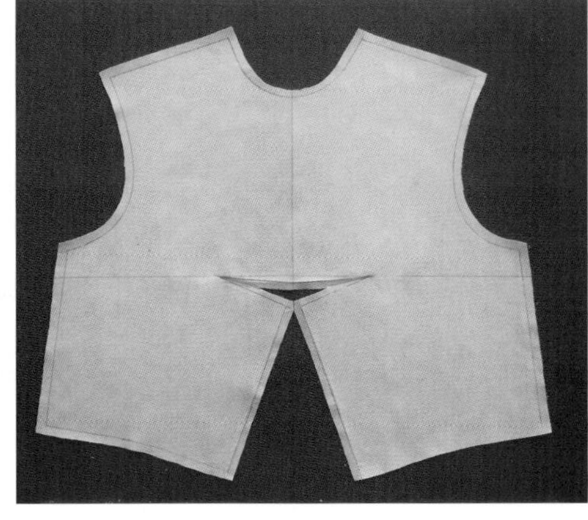

图 2-66

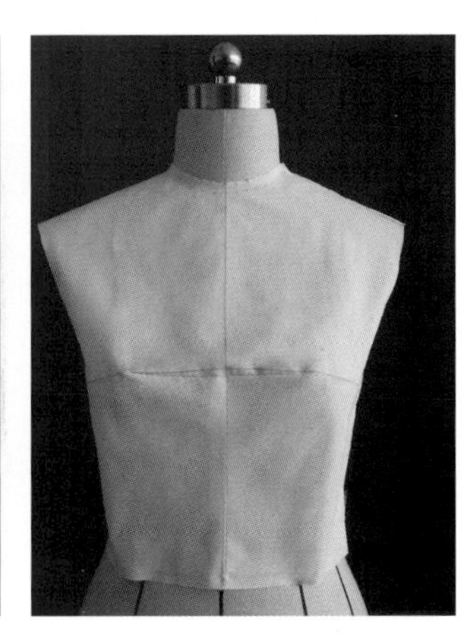

图 2-67

二、前中心不对省道设计

此款不对称设计操作，是将胸省转移到前中心省，在胸前做了装饰性省道设计，在省的转移过程中加入部分设计量，满足了分散取省的设计需要（图 2-68）。

（1）胸围线以下的前衣身中心线与人台中心线对准，用大头针固定，在两胸高点用大头针固定，腰部保留一定的松量。将胸腰部省量转向领部中心线，胸宽处保留松量，固定侧缝胸、腰点(图 2-69)。

（2）将抓起来的省量倒向左侧，在右片人台中心线位置，设定分割线的位置，省尖指向胸高点的位置（图 2-70）。

图 2-68

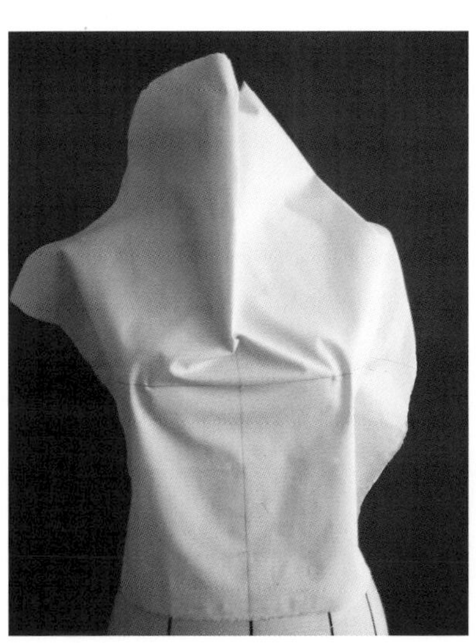

图 2-69

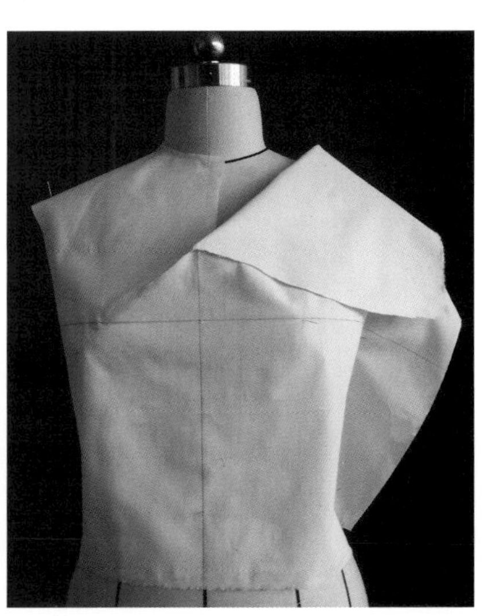

图 2-70

（3）将右侧缝、领部和肩部多余的布剪掉，将左衣片的省量全部转移到前中心位置，同时在腰部打剪口，给腰部、胸部同右衣片相同的松量，在分割线上设定三个省位，省尖自然消失在左片胸下部。用折叠针法对中心线和三个省道进行成型别合。剪去腰部、侧缝及肩部、袖窿多余的布(图 2-71)。

（4）做点影和标记，修整衣片，画出净份和缝份版（图 2-72）。

（5）拓版。通过立体裁剪之后所得到的版型，虽然经过成衣别合或缝合的检验，但如果作为工业生产的样版尚需进行调整，调整的部位有：缝份量的大小；折边的放份；对位的剪口；扣、眼位；口袋位；经纬纱向线及胸、腰、臀线等。

按照净份画出净版，然后在其基础上加放所需要的缝份量等（图 2-73）。

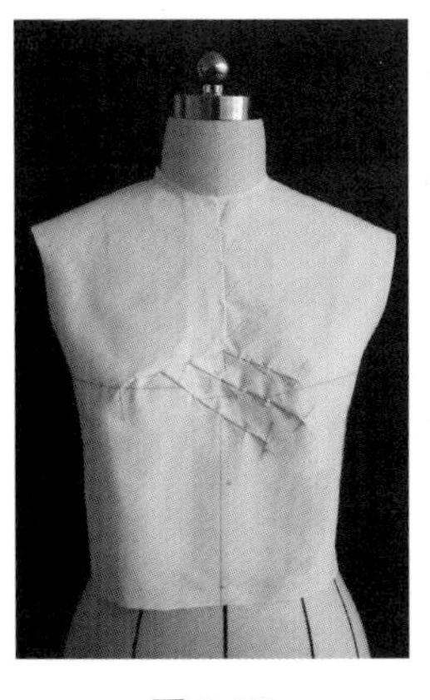

图 2-71

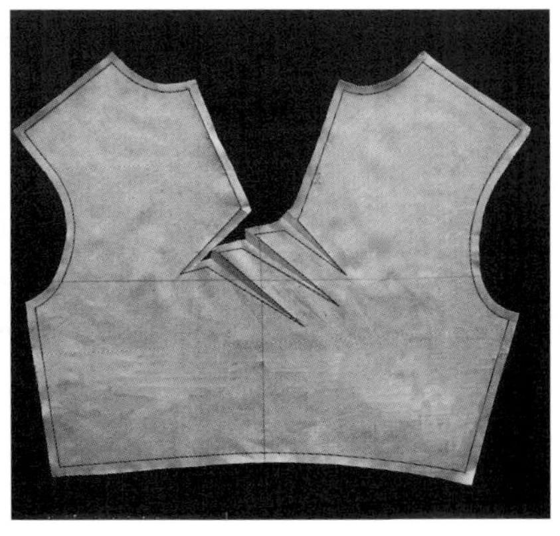

图 2-72

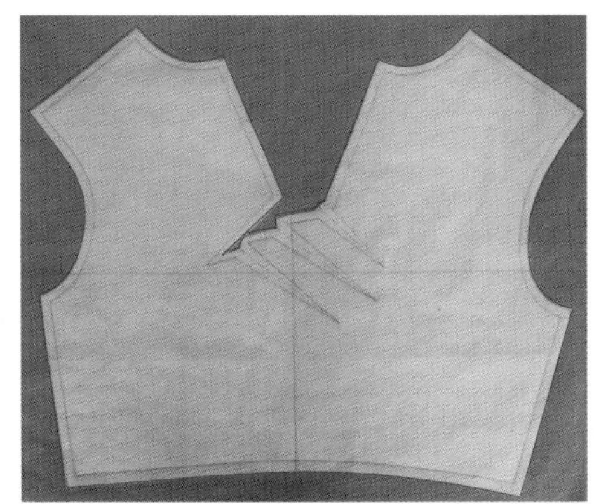

图 2-73

三、连立领前领口省

此款设计是将胸腰省转移到前领口省，并在分割线上设计了立领，在省的转移过程中加入部分设计量，产生的余量能够形成胸部下垂褶的设计，立体感、装饰性较强，在运用此款进行实际服装制作时可采用柔软度较好的面料，效果更好（图 2-74）。

（1）将胸围线以下的前衣身中心线与人台中心线对准，用大头针固定，在两胸高点用大头针固定，同时在腰节下打剪口，并保留一定的松量。将胸腰部省量转向领部设定分割线的位置，此时的衣身胸围线上台，胸宽处保留松量（图 2-75）。

（2）领部保留一手指的松度，将分割线指向胸高点形成领口省，保留 1.5 cm 的缝份，剪开领口省的分割线，对称地操作出另一片。

将领部和肩部多余的布剪掉。将胸围以上多余的布做垂褶领造型设计，在领口省的分割线调整褶量位置和大小，用折叠针法进行成型别合，并用大头针或线表示出折位。整理好腰线（图 2-76、图 2-77）。

（3）放好后片，对肩部、侧缝用折叠针法进行别合成型操作，用同样的手法对另一半做对称操作（或画点影后进行对称复版，再完成成型别合）（图 2-78）。

（4）做点影和标记、衣片线的修正，画出净份和缝份版（图 2-79）。

图 2-74

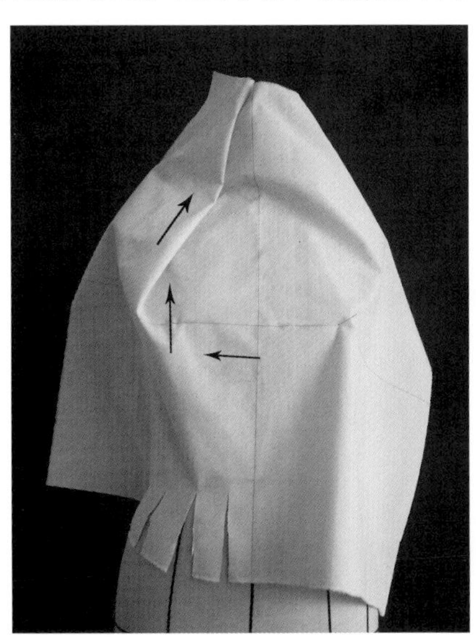

图 2-75

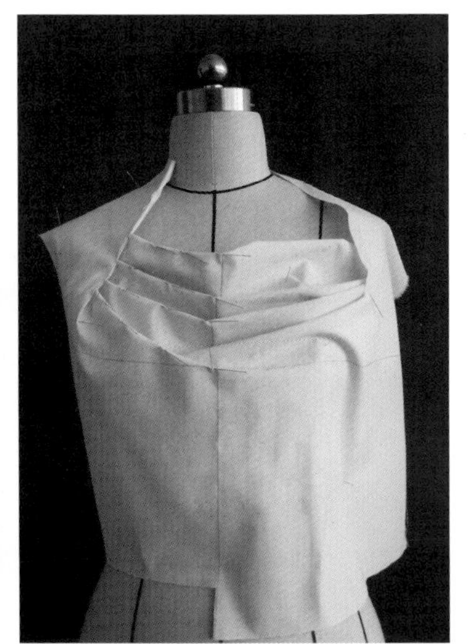

图 2-76

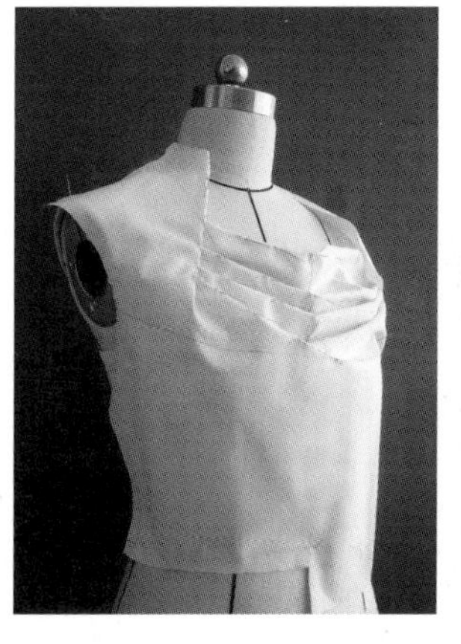

图 2-77

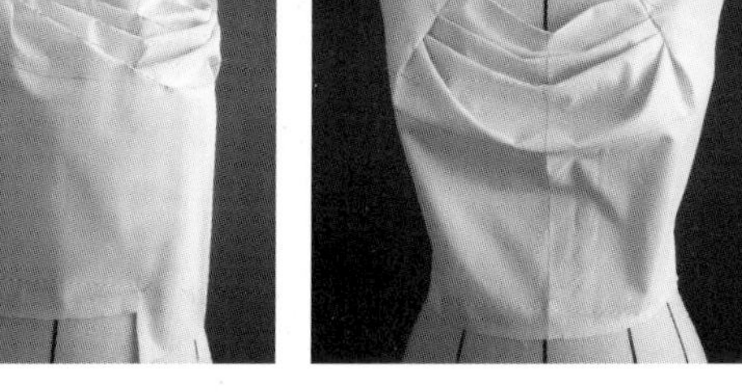

图 2-78

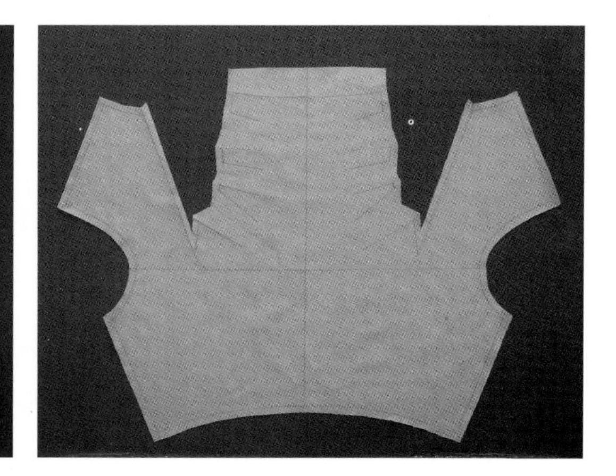

图 2-79

四、胸省交叉设计

衣身原型省道变化设计操作

此款将前片胸省转移到前中心，衣身左右省道在胸腰间交叉消失于侧腰节点，腰部所含的胸省留在腰线中，形成了装饰性的分割线造型，具有很强的视觉引导性（图 2-80）。

（1）前衣片的前衣身中心线、胸围线与人台对应的基准线对准，用大头针做暂时固定，胸部铺平，留出胸部的松量，在前颈点下、两胸高点用大头针固定，平抚后将多余的量向下做腰省，转向另一侧的腰侧，固定（图 2-81）。

（2）保留 1 cm 缝份，整理领围线、肩线。

在胸宽处加入放松量，用针固定在侧缝，同时整理好左右交叉省道的分割线位置，左右保持对称，保留 1.5 cm 的缝份开剪，剪口距离胸高点不能太近，以免出现尖角。同时，在腰线处打剪口，并保留一定的松量，用针固定（图 2-82）。

（3）将交叉省道以下多余的布剪掉，用折叠针法别合。进一步观察肩线、侧缝线是否平直，整理，与后片成型别合。剪掉肩部和袖窿多余的量，保留 1 cm 缝份，与后片成型别合（图 2-83）。

图 2-80

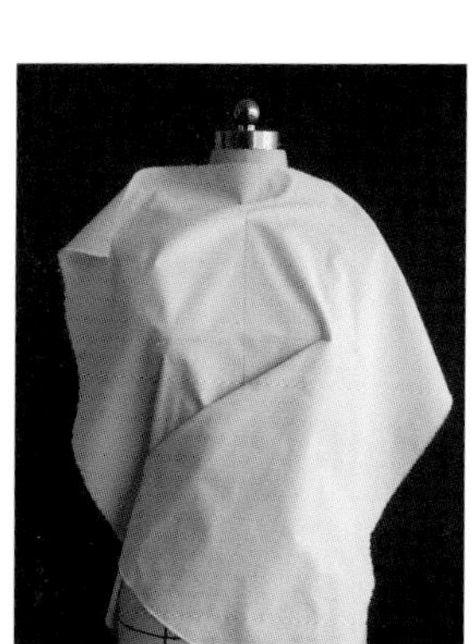

图 2-81

（4）做点影和标记，修整衣片，画出净份和缝份版（图 2-84）。

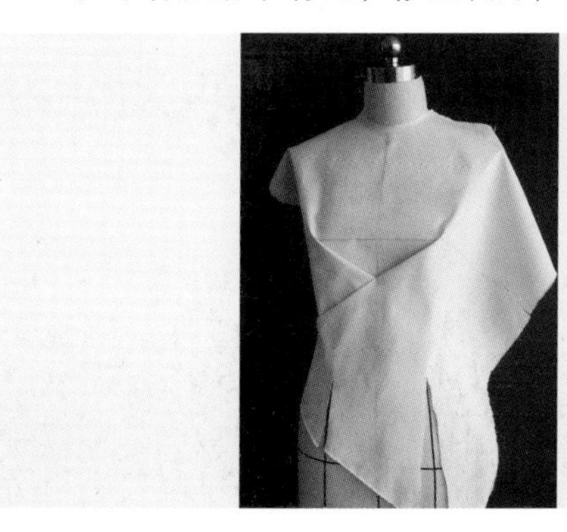

图 2-82

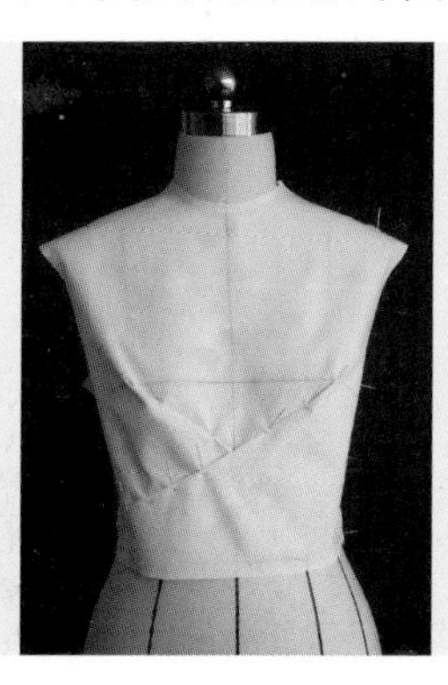

图 2-83

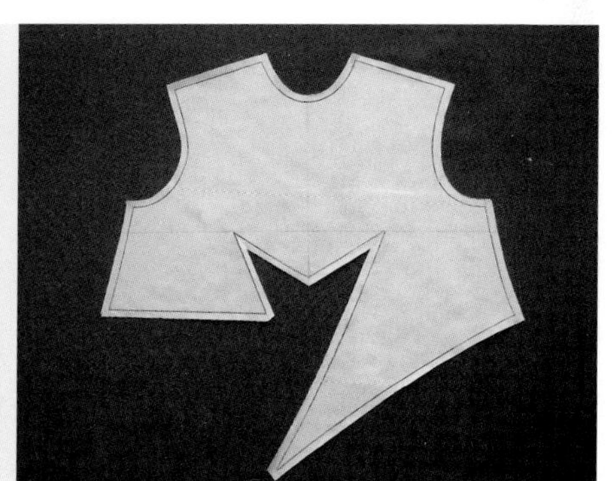

图 2-84

五、肩部开片设计

此款将前片胸腰省、袖窿省转移到肩部，肩部省量消失在结构开片中（图 2-85）。

（1）在人台上标示出肩部开剪的部位，将前衣片的前中线、胸围线对准人台对应的部位，在前颈点、两胸高点用大头针固定，注意胸高点之间需要拉平，不能出现凹陷。领围剪去多余布，打剪口整理平服。

保持胸围线水平，从侧缝向胸高点方向轻推出需要的松量，在侧缝处固定。胸围线以上的余量推向肩线约 1/2 处（图 2-86）。

（2）找出侧缝线并在腰部固定。保证胸腰部的空间量，腰口缝份打剪口，沿着人台上肩部的标示线开剪，保留 1 cm 的缝份量，余布剪去（图 2-87）。

图 2-85

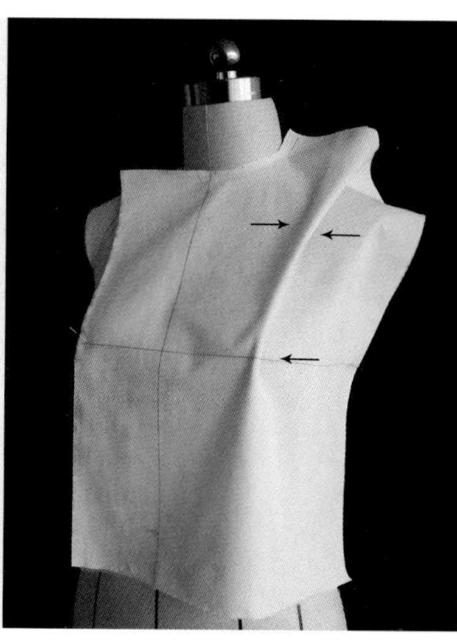

图 2-86

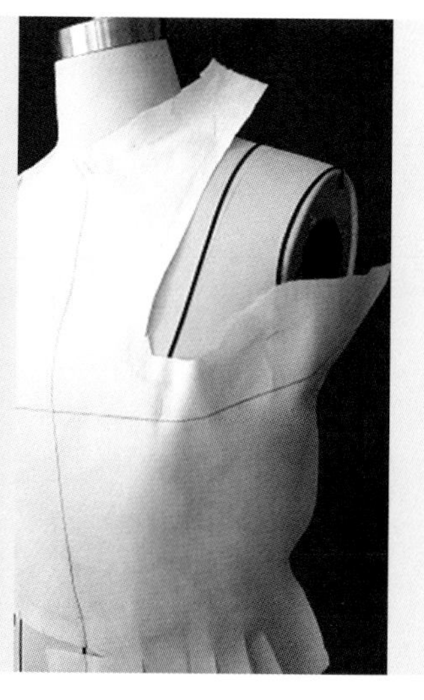

图 2-87

（3）用另一片裁片补出肩部剪掉的部分，保留 1 cm 的缝份并保持纱向与衣身一致，用重叠法别合，并保留一定的松量（图 2-88）。

（4）用折叠法沿边线别合，完成整体的造型（图 2-89）。

（5）做点影和标记，修整衣片，画出净份和缝份版（图 2-90）。

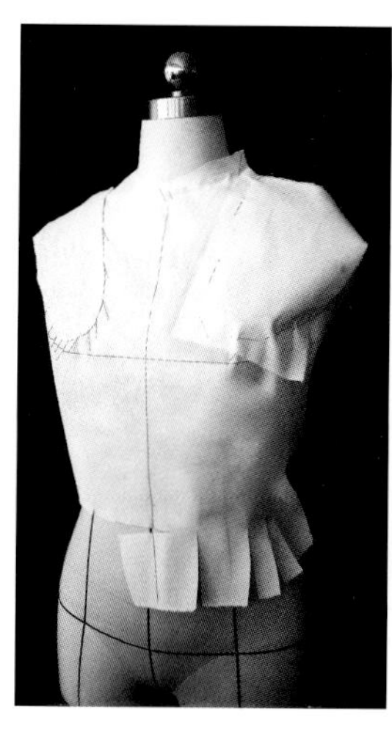

图 2-88

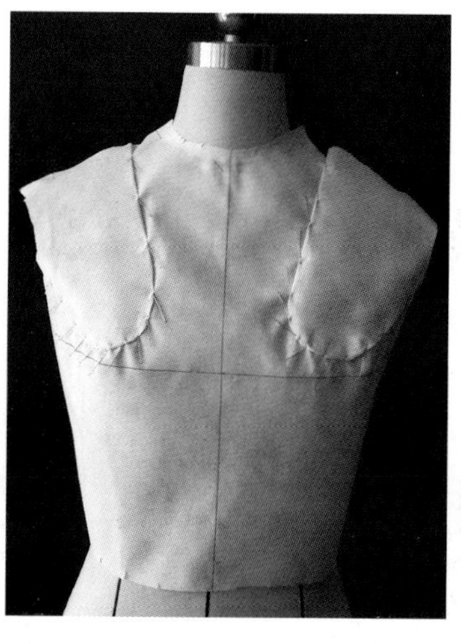

图 2-89

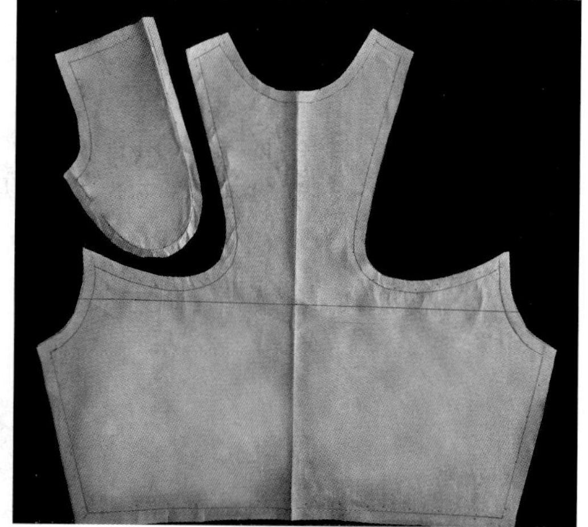

图 2-90

六、肩部开剪加量设计

此款将前片胸腰省、袖窿省转移到肩部，肩部加褶量，省量消失在结构开剪线中（图 2-91）。

（1）在人台上标示出肩部剪开的部位，将前衣片的前中线、胸围线对准人台对应的部位，在前颈点、两胸高点用大头针固定，腰围保留一定的松量，打剪口固定，多余的向侧线上方推（图 2-92）。

（2）领围剪去多余的布，打剪口整理平服（图 2-93）。

（3）保持胸围线水平，从侧缝向胸高点方向轻推出需要的松量，在侧缝处固定。胸围线以上的余量推向肩线部开剪线处（图 2-94）。

（4）沿着人台上肩部的标示线剪开，保留 1 cm 的缝份量，剪口距离标示线 1 cm 止（图 2-95）。

（5）将转移到肩部多余的量根据要求设计褶量，粘贴剪开标示线，保留缝份剪去多余的量（图 2-96、图 2-97）。

（6）整理袖窿，将肩线、袖窿、侧缝保留一定的缝份，将多余的量剪掉（图 2-98）。

（7）完成后片的操作（参考原型操作），用折叠法将前后片进行别合，完成整体的造型（图 2-99 至图 2-101）。

图 2-91

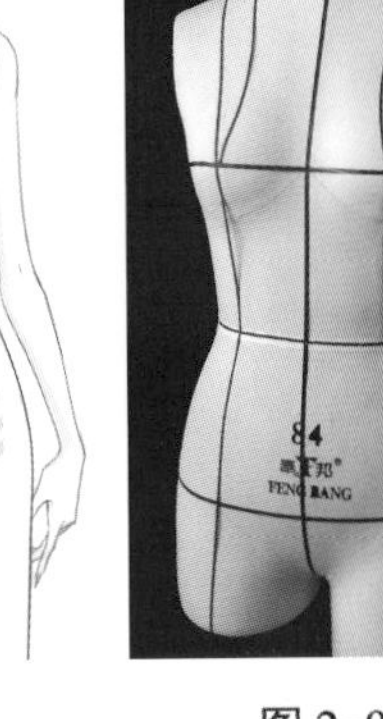

图 2-92

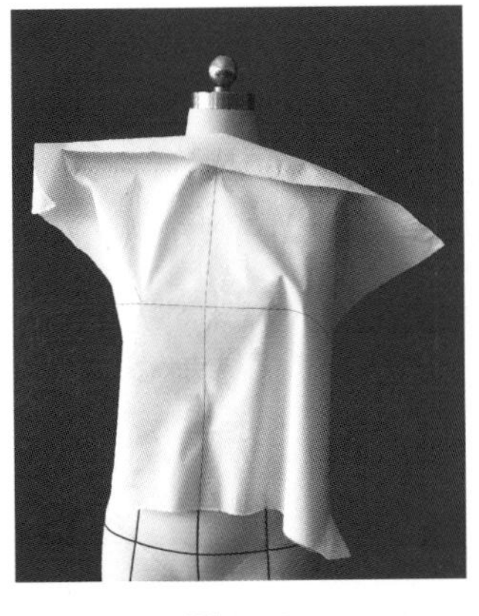

图 2-93

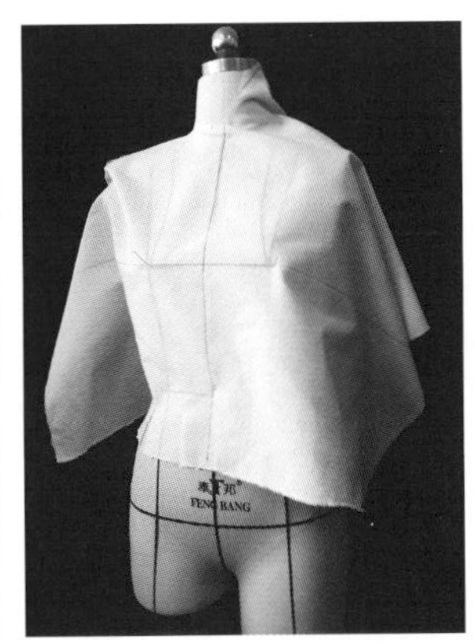

图 2-94

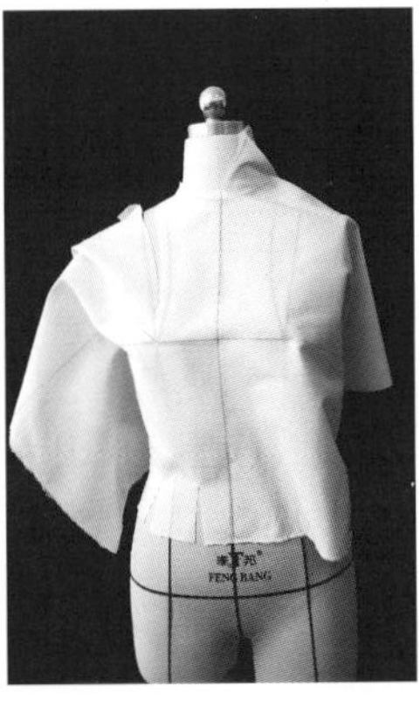

图 2-95

图 2-96

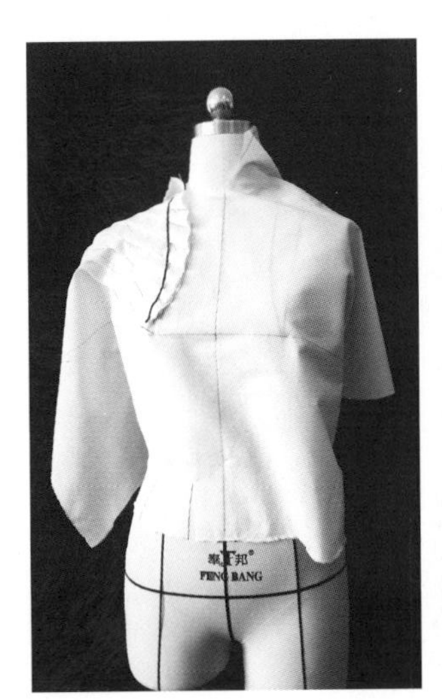

图 2-97

图 2-98

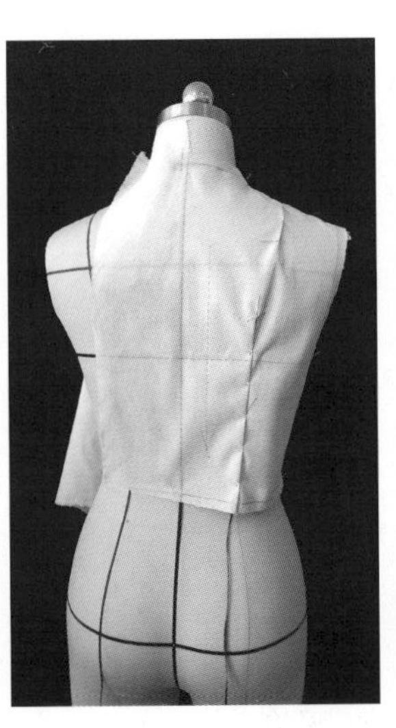

图 2-99

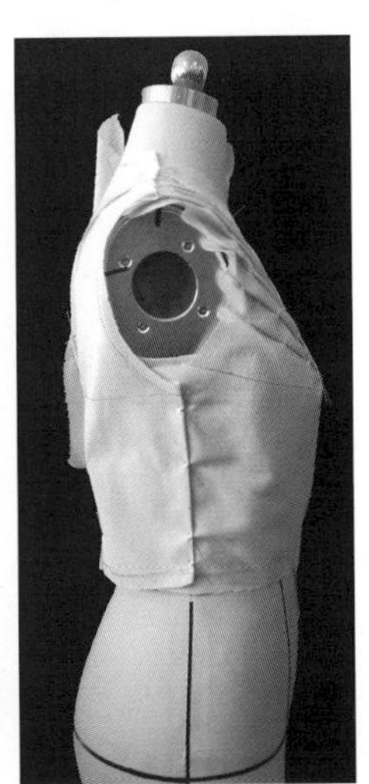

图 2-100

（8）做点影和标记，对前衣片进行修整；画出净份和缝份（后片省略其操作）。而后复制另一半；完成整体造型（图 2-102、图 2-103）。

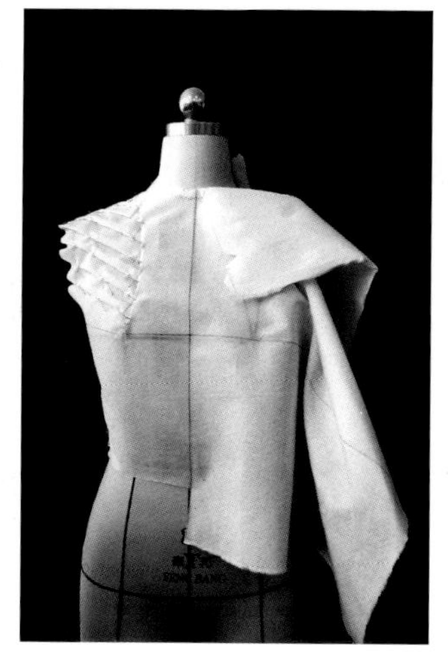
图 2-101

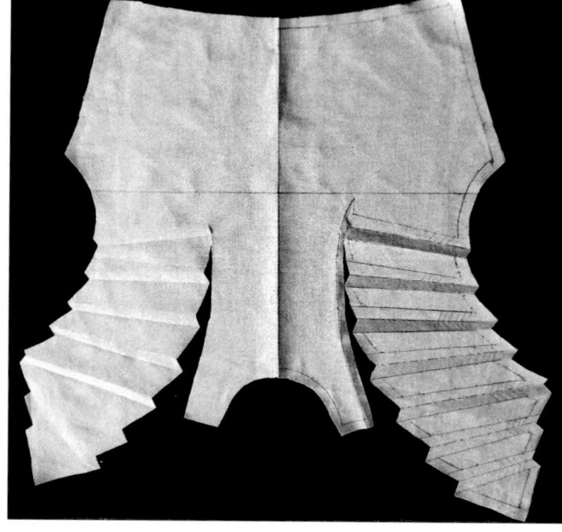
图 2-102

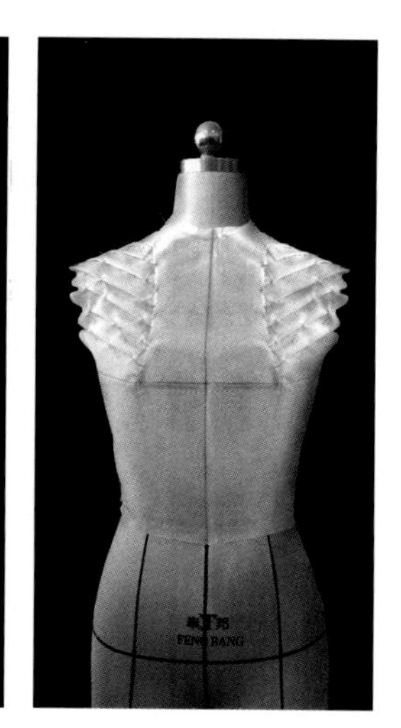
图 2-103

实训内容、技能目标及要求

一、省道转移操作

1. 内容：完成衣身原型省道转移操作。

2. 能力目标：

（1）熟练完成衣身原型省道不同位置的转移操作。

（2）掌握单个省道和组合省道的转移方法。

3. 要求：

（1）整熨坯布，规正纱向，画出基础线。

（2）做将袖窿省和胸腰省转移到肩部或侧缝操作。

（3）省量大小和长短适中。

二、省道变化设计操作

1. 内容：完成衣身原型前片省道变化设计操作。

2. 能力目标：

（1）运用省道转移方法对原型结构进行设计操作。

（2）使省道转移与原型的结构造型完美结合。

3. 要求：

（1）整熨坯布，规正纱向，画出基础线。

（2）用转移或剪开的方法将省转移或融入剪开结构中，完成其造型。

（3）省道的处理与设计造型完美结合。

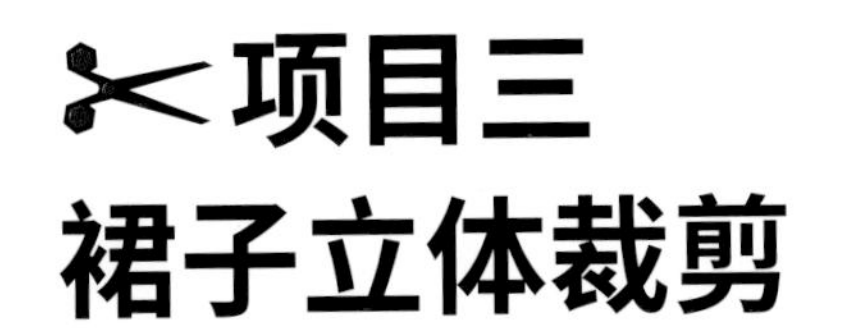

项目三 裙子立体裁剪

学习目标

了解基础裙子的立体操作过程，掌握不同裙子款型的操作步骤和技术手法，能够准确地把握各种类型裙子的造型空间量和松量，拓展出准确的版型。

任务一　直身裙

直身裙为腰部合体、臀部有一定松量的裙型，在前后腰部各设 4 个省量，臀围以下成直筒型，后中心底摆留有开叉（图 3-1）。

一、坯布准备

直身裙坯布准备如图 3-2 所示。

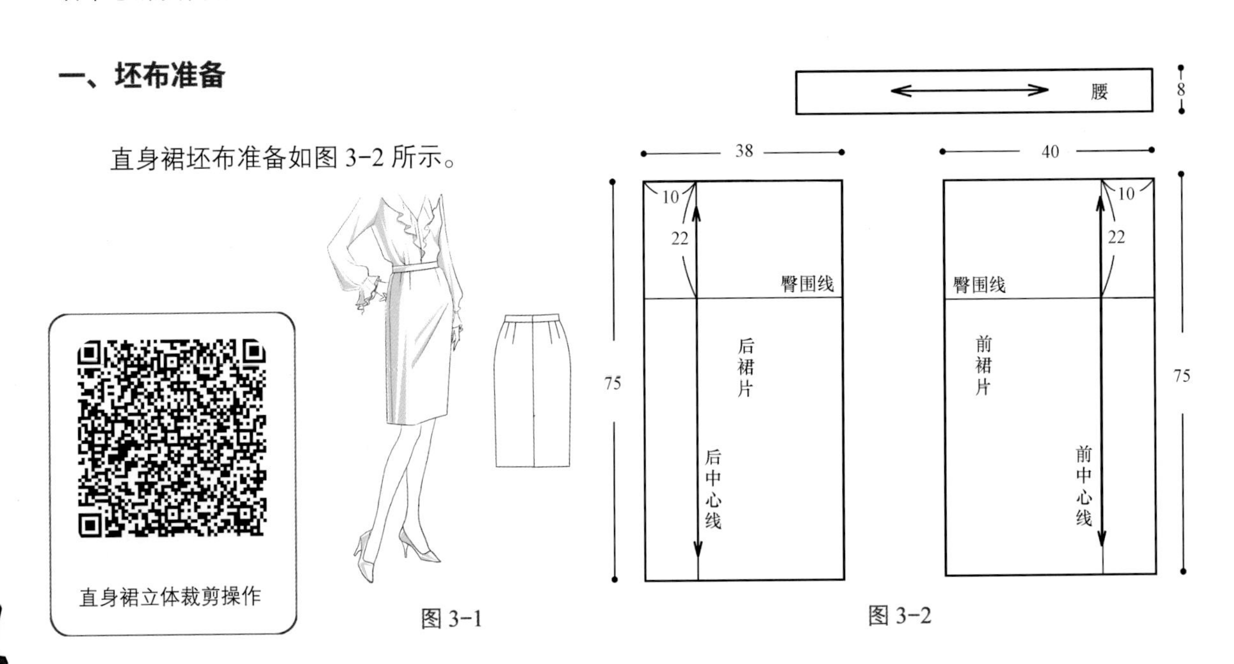

图 3-1

图 3-2

二、别合

（1）将裙片前中心线、臀围线与人台上的基准线对准，在臀围线上加入 1.5 cm 的松量，用大头针固定侧缝。

侧缝处臀围线以上平抚到腰节，并与腰部贴合。在腰部打剪口，将多余的量分成两个省道，腰部、腹部保留一定的松量，用抓合针法别合。注意省道在腰口线长度不同，省尖的指向线与腰口线近乎垂直（图 3-3）。

（2）后裙片的操作方法与前裙片一样，臀部加放松量，用大头针固定，并在臀围线上打剪口（图 3-4）。

（3）用抓合针法别合侧缝。沿臀围线以上的曲线抓合前后片，臀围线以下垂直抓合（图 3-5）。

（4）整理侧缝缝份，确认整体造型，做出省道、侧缝的点影并标注必要的对合记号。贴出腰节的标示线（图 3-6）。

（5）以臀围为参考线量取裙长。确定后开衩的长度。

从人台上取下裙子，拔下大头针，进行修整和对另一半进行复片。将省缝向中心折倒，底边折好，用折合针法对裙片进行成型别合。

将成型后的裙子穿在人台上，把折好的腰头装上（图 3-7）。

（6）将前片复制成整片，然后成型别合，进一步观察松量和造型并做出修整（图 3-8 至图 3-10）。

（7）裙片平面展开，制作出毛版（图 3-11）。

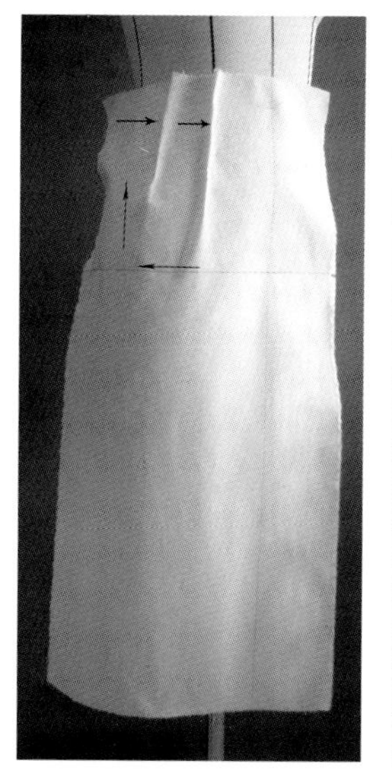
图 3-3

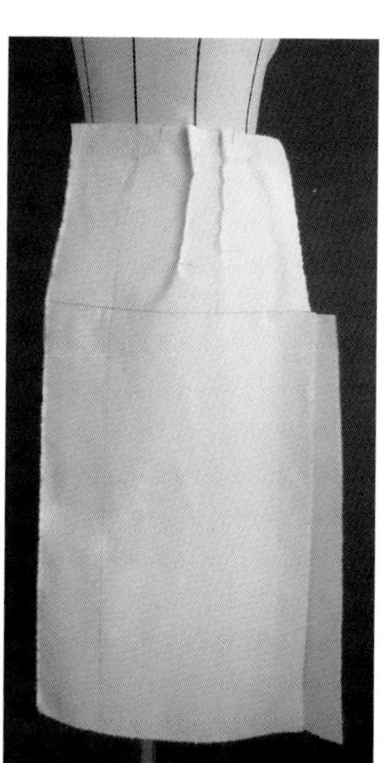
图 3-4

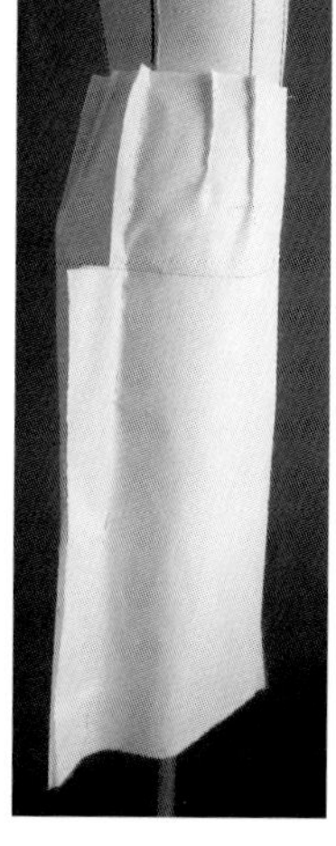
图 3-5

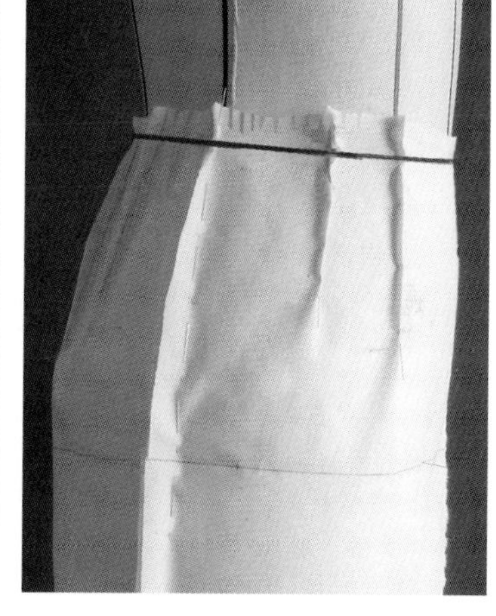
图 3-6

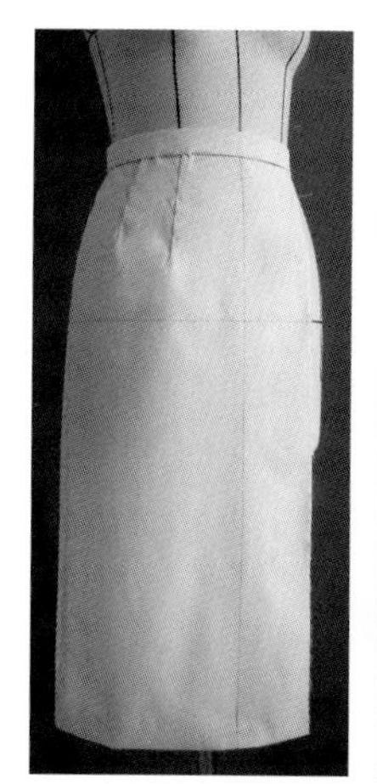
图 3-7

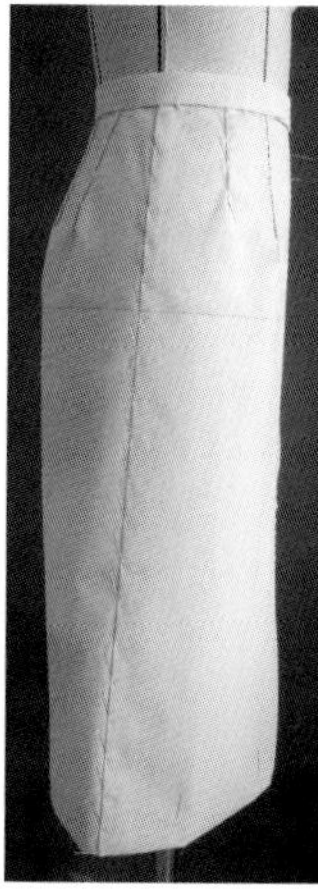
图 3-8

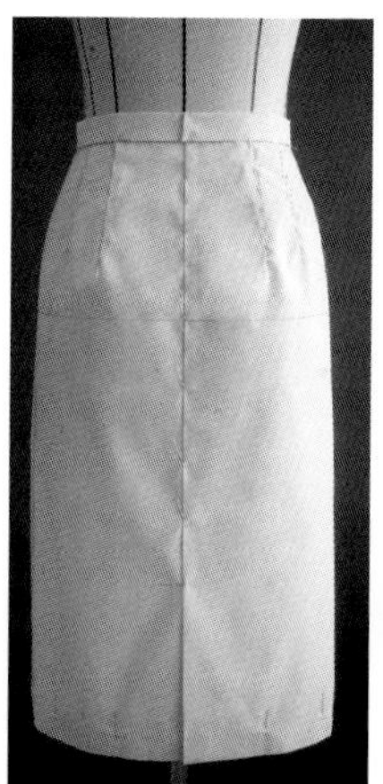
图 3-9

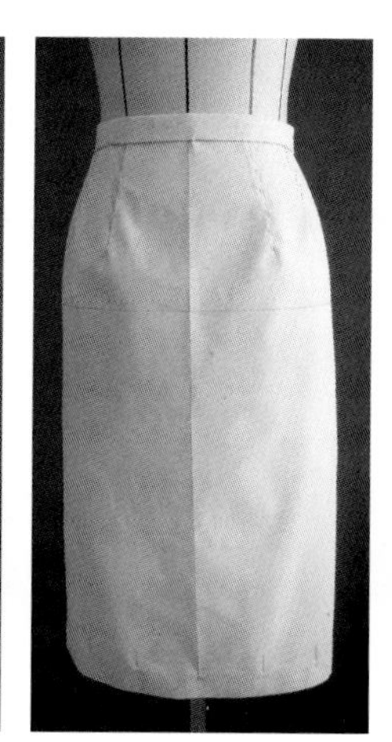
图 3-10

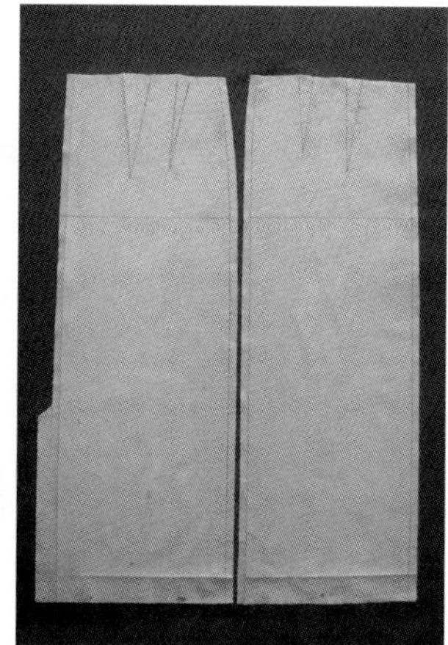
图 3-11

任务二　育克裙

育克裙的特点是：无腰头；前片设计了育克；中心设计对开褶裥；后裙片为单片，腰部设有两个省量；外廓型呈 A 型（图 3-12）。

一、坯布准备

育克裙坯布准备如图 3-13 所示。

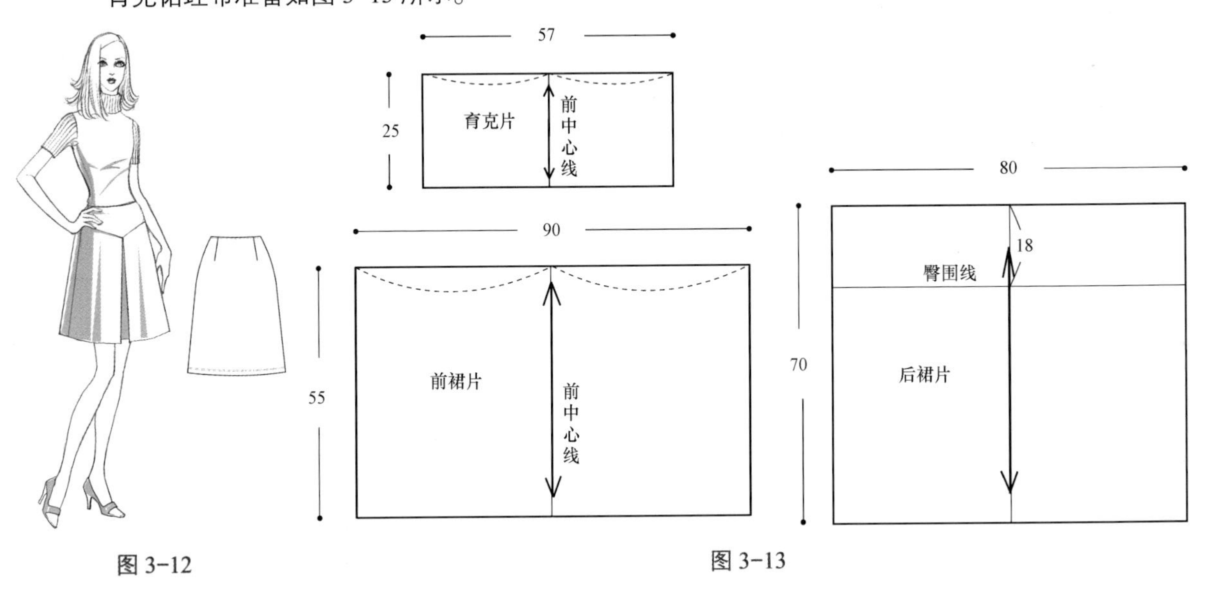

图 3-12　　图 3-13

二、别合

（1）在人台中腰平行于腰围线处，用标示带贴出裙子前后的腰围线，并根据款式的需要，在人台相对应的部位贴出育克线（图 3-14、图 3-15）。

（2）育克布片上的中心线与人台的中心线对准，在前中心线固定上下两点，向两侧平抚，留出松量，同时将腰省的部分转到育克线下。用大头针固定两侧（图 3-16）。

（3）用标示带贴出腰围线和育克分割线，保留少量的松量（图 3-17）。

（4）保留 1.5 cm 的缝份，剪去腰部、侧缝及育克线多余的布。对称地做出另一半（或复片完成）（图3-18）。

（5）将裙前片中心线与人台的中心线对准，对称地做出对折褶裥，用针固定中心点，臀围放出一定的松量，侧面固定，育克侧缝线顺延斜下，摆量要适中。用标示带重复贴出前裙片育克线，并用重叠针法别合裙片。剪去多余的布。

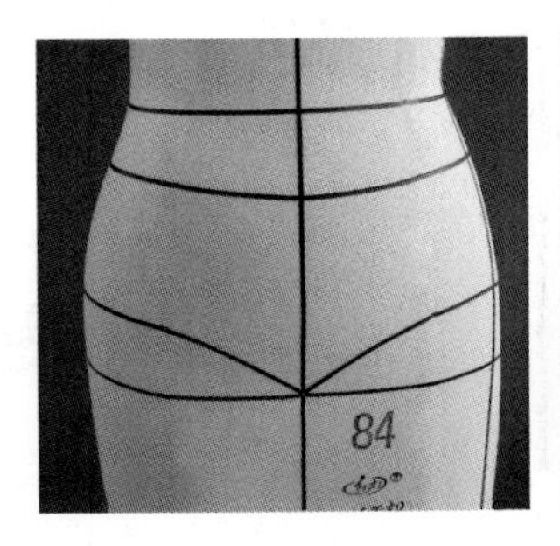

图 3-14

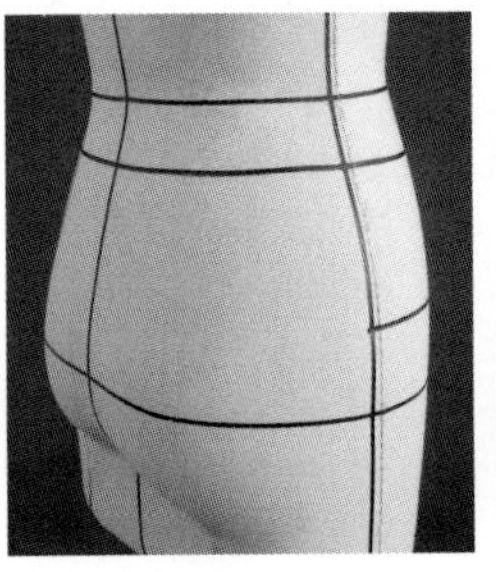

图 3-15

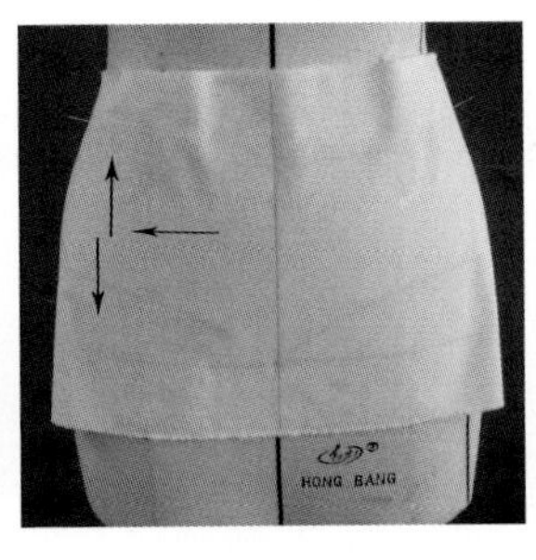

图 3-16

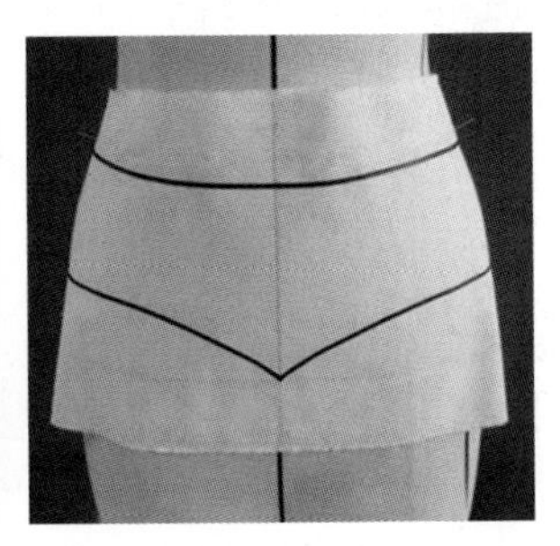

图 3-17

可以用同样的操作方法对称地操作另一侧裙片，也可以用复片方式完成另一半的复制，复片方式更为准确（图 3-19）。

（6）进一步确定育克片和下裙片在臀围处的放松量，边观察边贴出侧缝线（图 3-20）。

（7）后裙片与人台的中心线、臀围线对准，在中心线、腰围及臀围线上用大头针固定，在公主线附近抓合出腰臀省道，并留有少量的松量（图 3-21）。

（8）将腰部多余的布剪掉，省道倒向后中心。因为拉链放于侧缝，因此缝份量可以加大。将前侧缝叠压在后侧缝线上，确定裙摆的斜度，用重叠针法沿着侧缝线固定（图 3-22）。

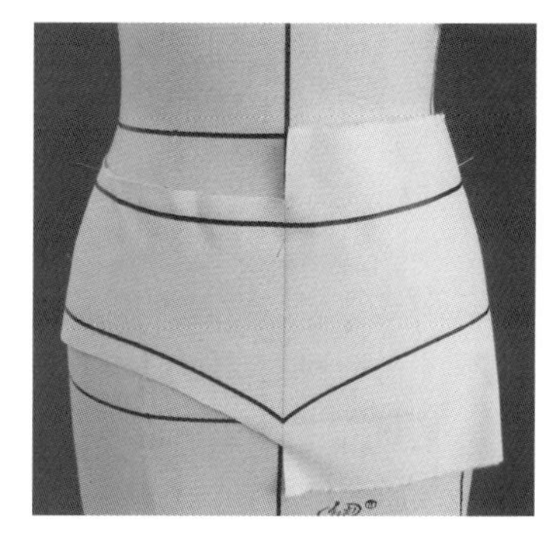

图 3-18

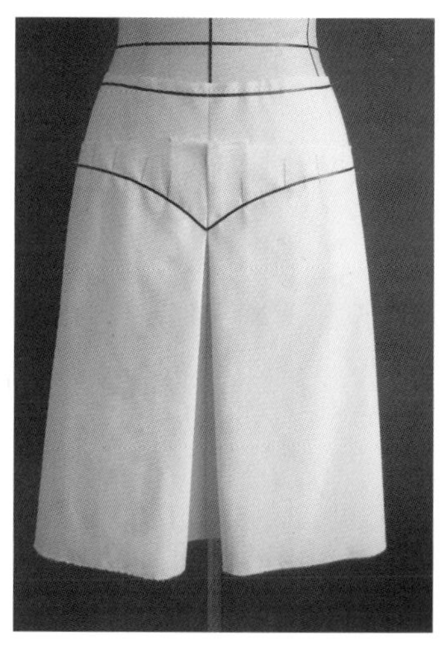

图 3-19

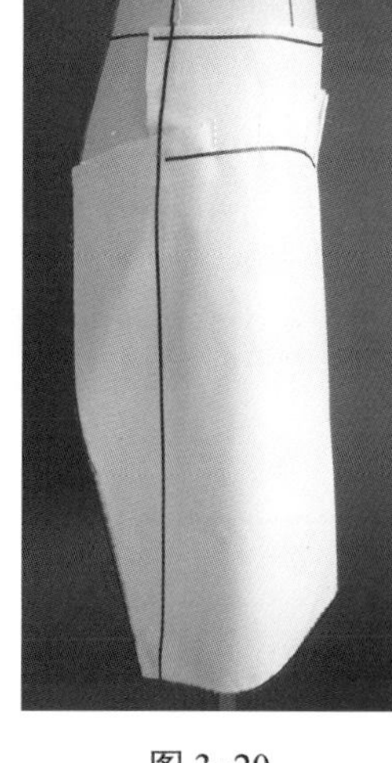

图 3-20

图 3-21

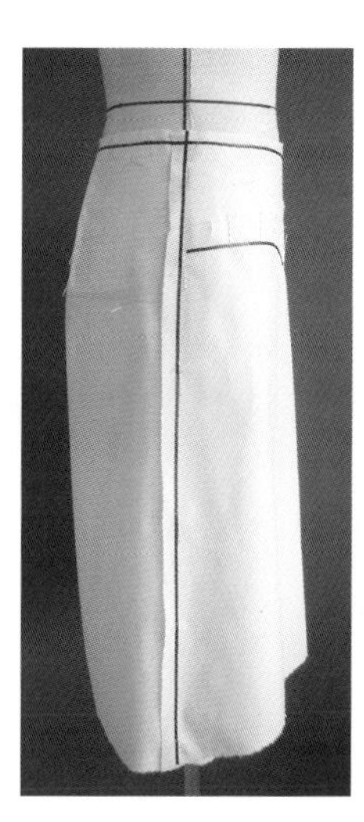

图 3-22

（9）观察整体造型并做出相应的调整。画点影线及对合记号。取下裙子，拔掉固定的大头针进行线的修正，完成描图（图 3-23、图 3-24）。

（10）用折合针法进行成型别合（图 3-25 至图 3-27）。

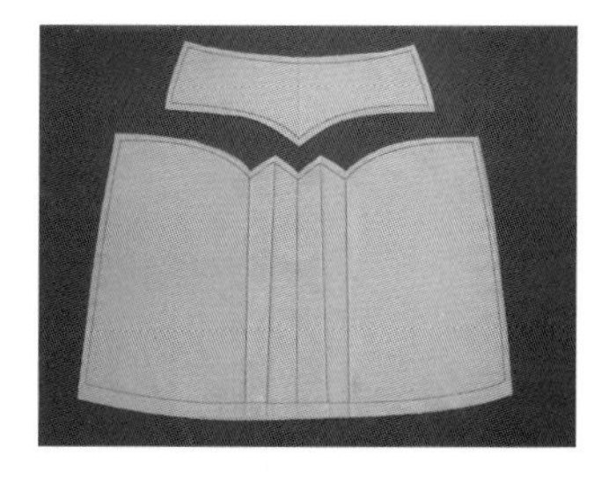

图 3-23

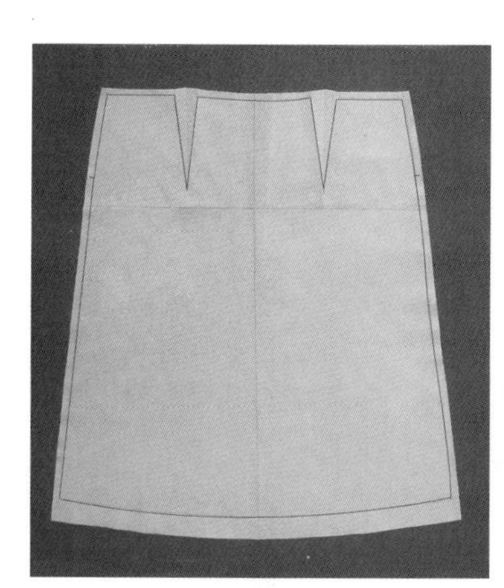

图 3-24

图 3-25

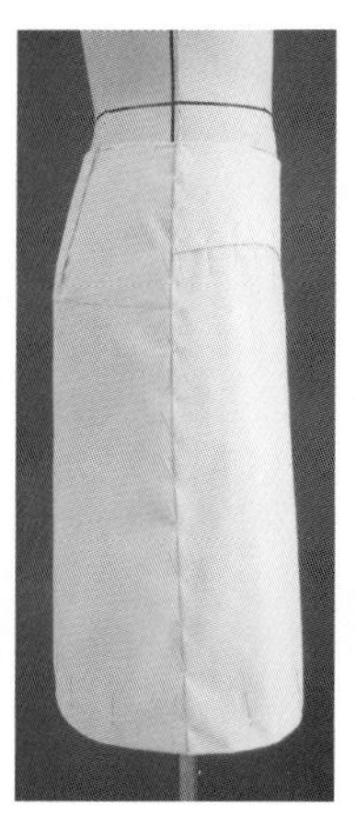

图 3-26

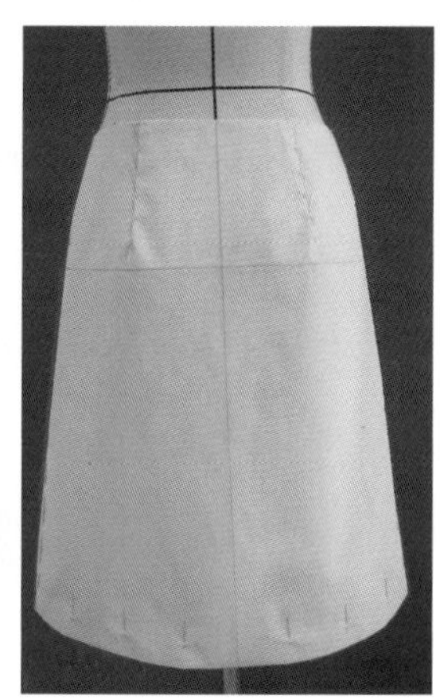

图 3-27

任务三　摆浪裙

摆浪裙的特点是前后侧开剪并拼入摆片，腰部无省量，在裙侧片至裙摆前后各形成四个较大的自然波浪，开口设在侧面（图 3-28）。

一、坯布准备

摆浪裙坯布准备如图 3-29 所示。

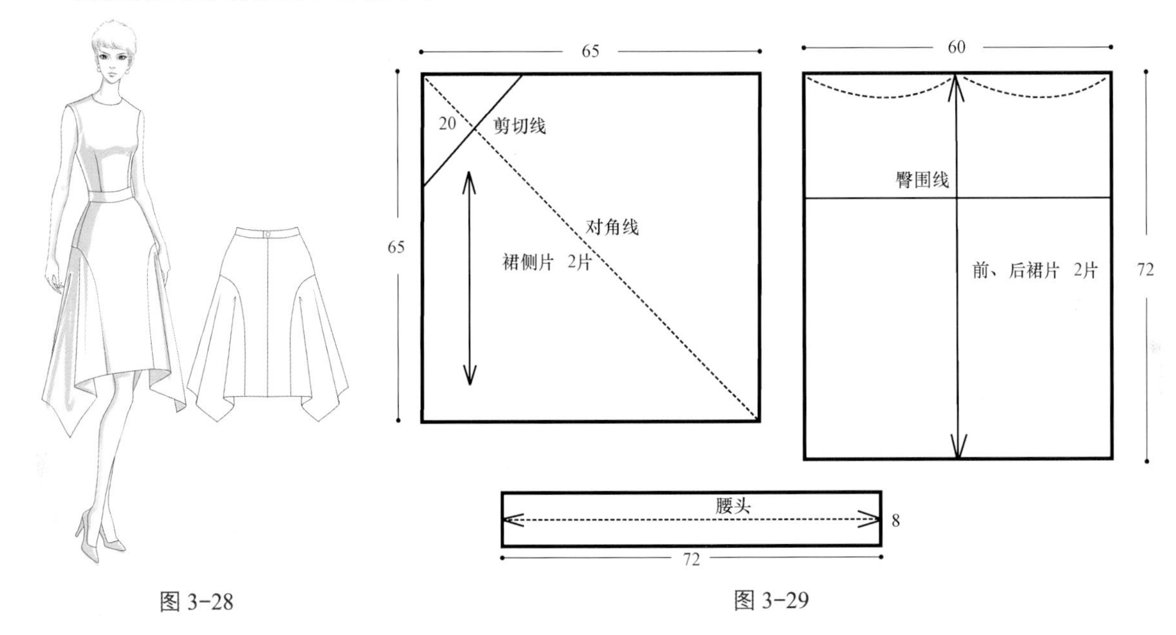

图 3-28　　图 3-29

二、别合

（1）在人台上标示出腰口线、侧面前后摆浪结构的位置（图 3-30、图 3-31）。

（2）将前片的中心线、臀围线与人台对应的基准线对合，固定前中心线（图 3-32）。

（3）在前片腰线上边打剪口边将腰省向下转移，将省量转移到开摆浪结构开剪线处，腰口加放 0.1 cm 的松量。参照人台侧面标示线保留 1.5 cm 的缝份，其余剪掉，并在布片上贴出摆浪标示线（图 3-33）。

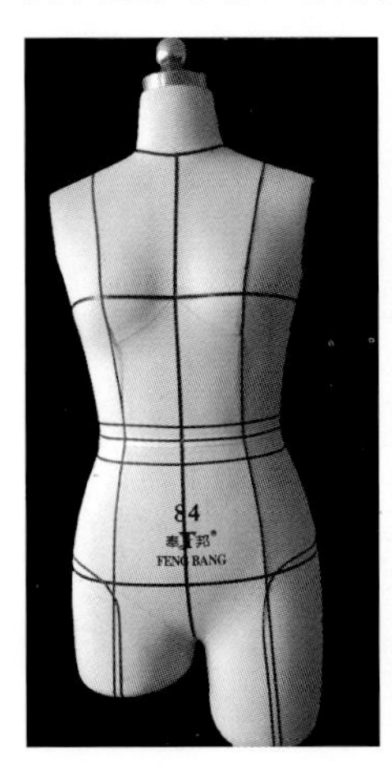

图 3-30

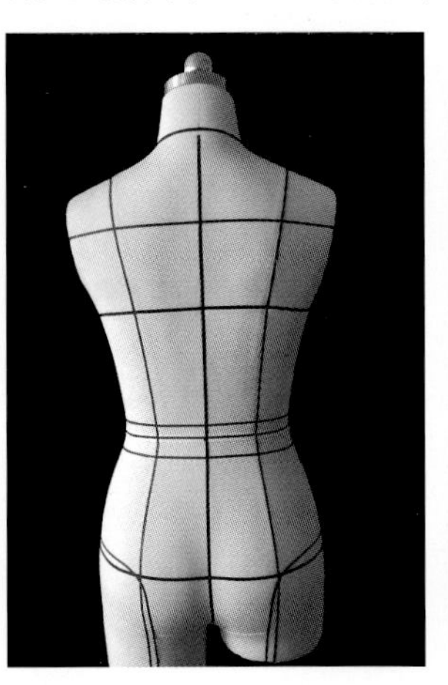

图 3-31

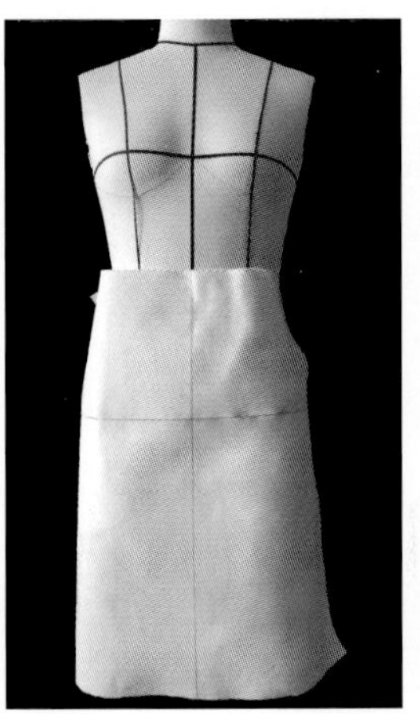

图 3-32

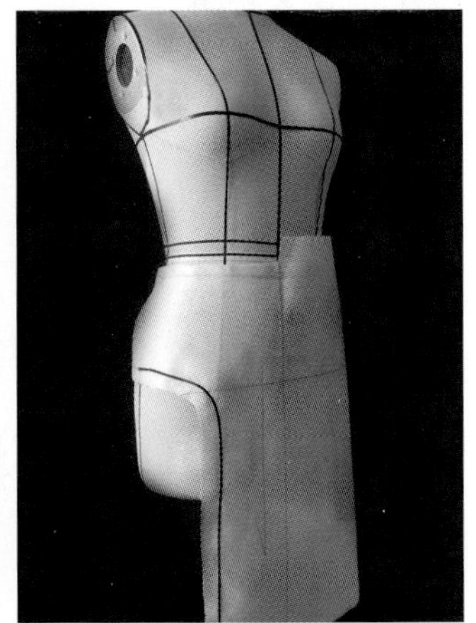

图 3-33

（4）用同样的操作步骤完成后片操作，将前、后片在侧缝进行折叠别合。注意右侧留拉链的位置。可以在人台上完成另外半身的操作。也可以取下衣片，以中心线为对称轴复制出另一半，更为准确（图 3-34、图 3-35）。

（5）将摆浪布片对角线对准人台侧缝线，在上方留出充足的波浪褶的下放操作量，剪掉一角（图 3-36）。

（6）根据款式要求确定摆浪的浪高、浪长、位置和起伏状态，采用自上而下的操作步骤，在腰口部边打剪口边下放量，在腰线做固定。先操作中间波浪，依次完成前后波浪褶，注意观察侧片波浪的斜度、高度和长度关系，最后用重叠针法沿着侧缝线固定。确定侧缝线后用标示带贴出，保留 2 cm 的缝份，剪去多余的布（图 3-37、图 3-38）。

（7）画点影线及对合记号。将摆浪片放置底层，沿标示线进行折叠别合（图 3-39、图 3-40）。

（8）可以在完成另一半的裙子复制操作之后再将裙腰头放置上别合（图 3-41）。

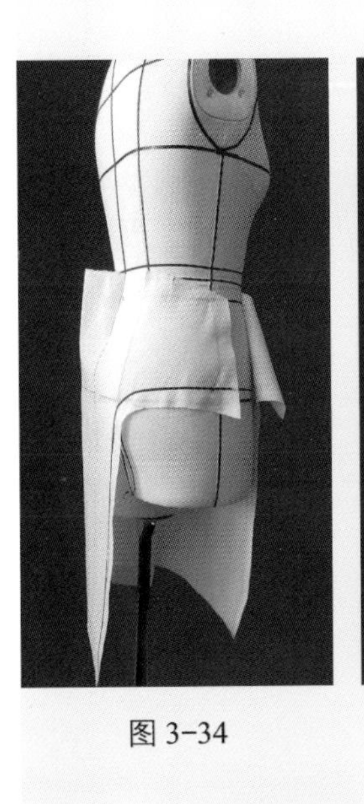

图 3-34

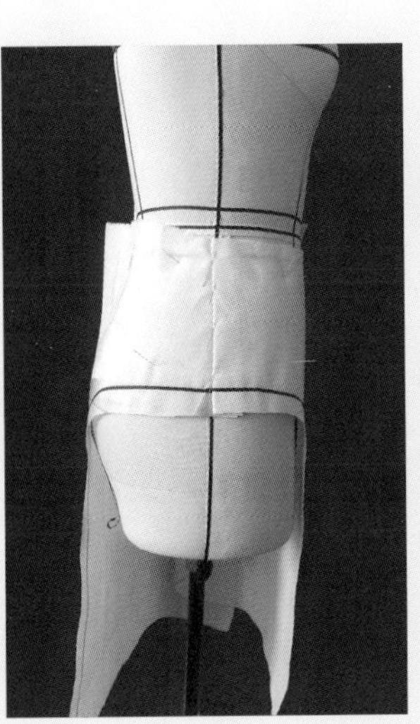

图 3-35

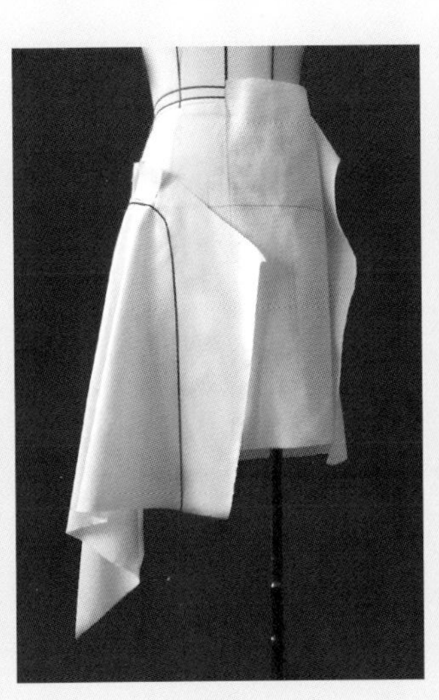

图 3-36

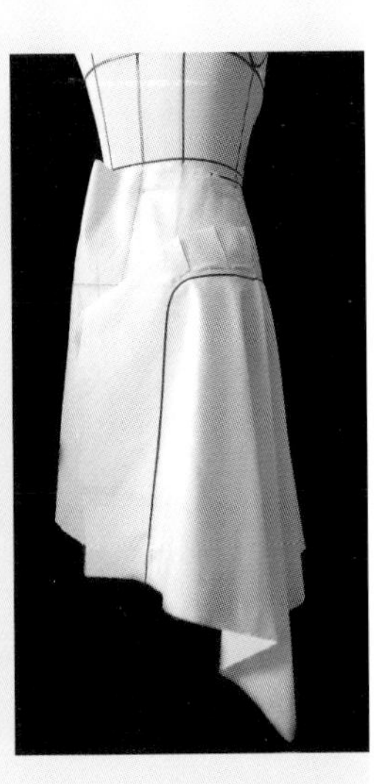

图 3-37

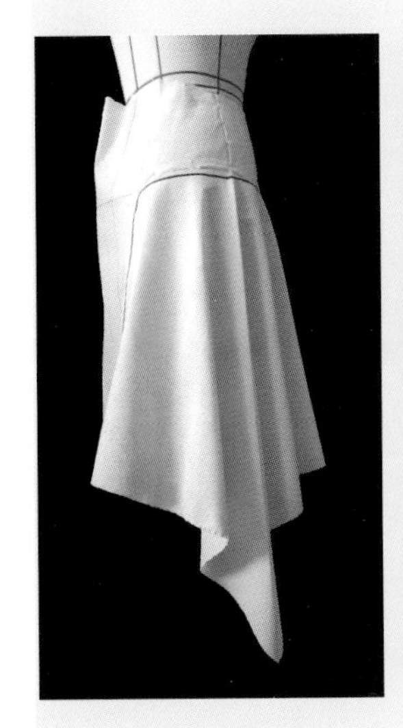

图 3-38

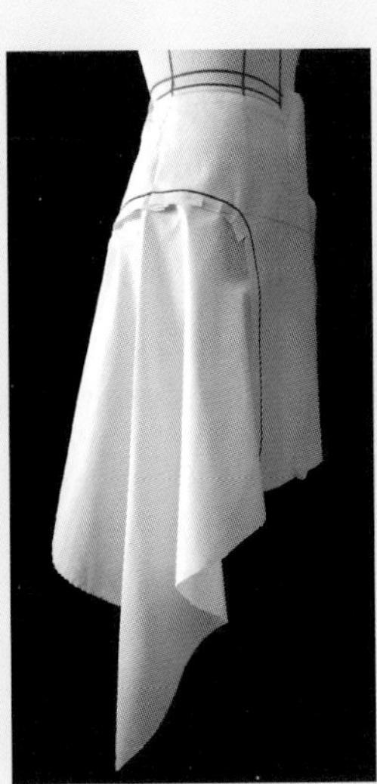

图 3-39

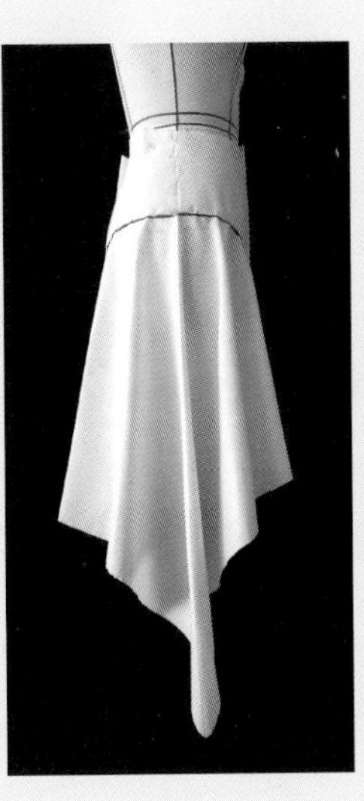

图 3-40

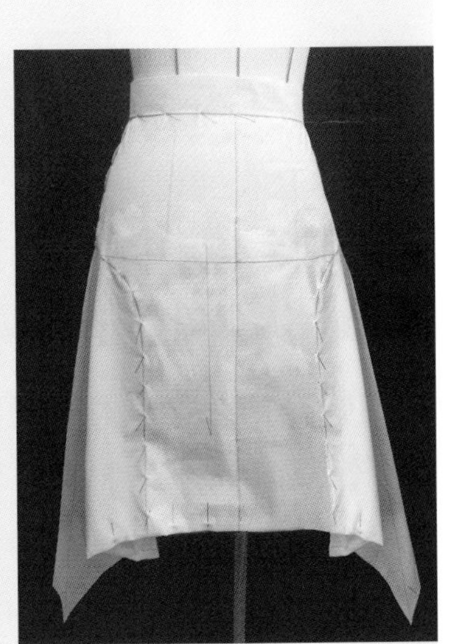

图 3-41

实训内容、技能目标及要求

1．内容：模拟某服装品牌设计风格，设计一款带有育克和波浪结构造型的裙子。

2．能力目标：

（1）根据裙子设计造型，对其立体裁剪操作步骤加以可行性分析，确立立体造型操作的最佳方案。

（2）运用省道转移方法将腰省消失于结构分割线中。

（3）准确地把控服装造型操作中的空间和松量，达到完美的造型效果。

（4）完成描图、拓版全过程。

3．要求：

（1）设计并画出手稿，按既定的款式进行操作。

（2）严格地按服装立体裁剪操作步骤完成各个环节。

（3）完成工业样版的制作。

项目四 女装上衣立体裁剪

学习目标

了解女装上衣的立体操作过程，掌握不同上衣款型的操作步骤和技术手法；能够准确地把握各种类型女装衣身的造型空间和松量；掌握不同领型和袖型的别合方法；了解调版的方法，准确地拓展出版型。

任务一　明门襟合体女衬衫

明门襟合体女衬衫，强调了腰型的曲线，后衣身设计了育克。前明门襟中心处加入了自由褶，很好地将省道做了转移性设计（图4-1）。

衬衫领子立体裁剪操作

衬衫拓版操作

图4-1

一、坯布准备

衬衫坯布准备如图 4-2 所示。

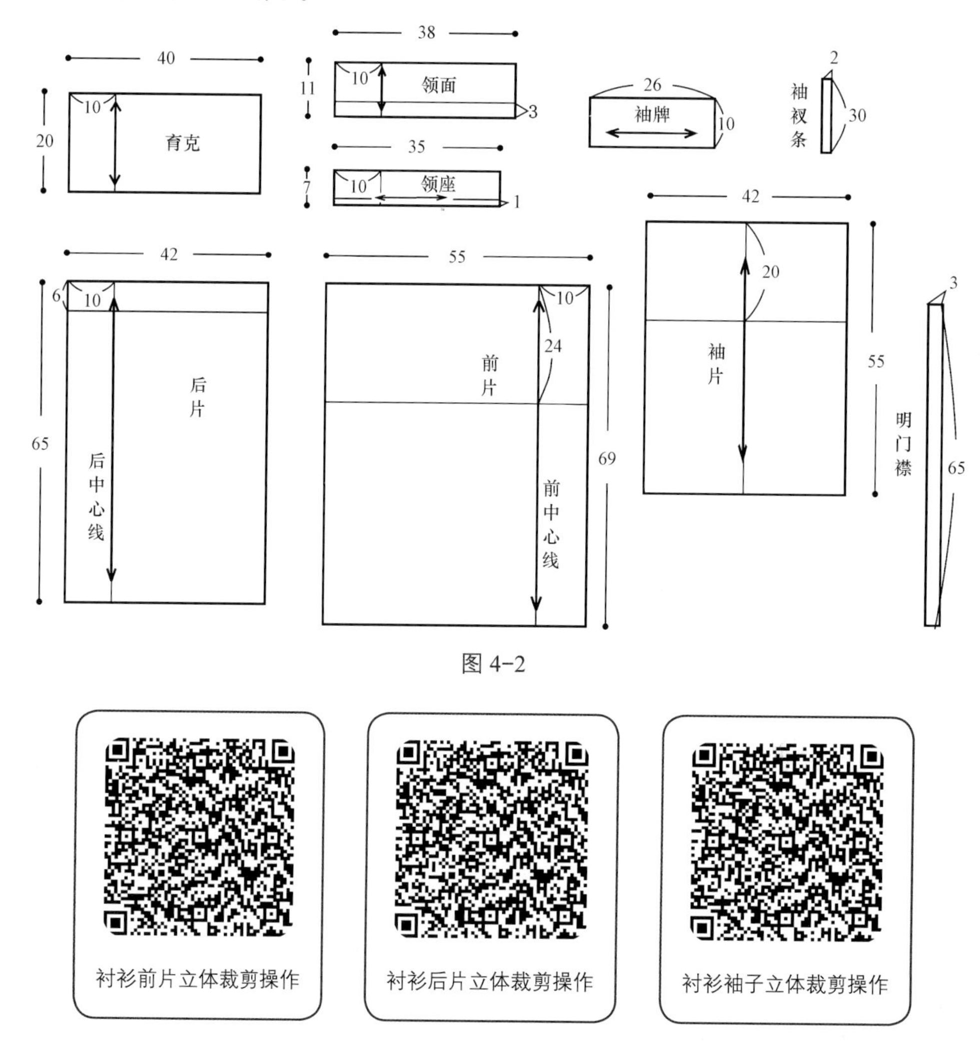

图 4-2

二、别合

（1）在人台上标示育克造型线、门襟宽度、胸前抽褶位置、下摆造型线（图 4-3、图 4-4）。

（2）将育克布片的中心线与人台的后中心基准线对准，背宽线水平对准，固定后颈点下方。在后领中心处打剪口，从背宽线向侧颈点方向轻推，整理后领围线，剪去余布，打剪口使其与颈围相吻合，固定侧颈点。

（3）根据人台的育克结构线在育克布片中贴出后位置线（图 4-5）。

（4）在侧颈点附近的领围处加入一定的松量，打剪口防止肩线皱褶。贴出肩线和前

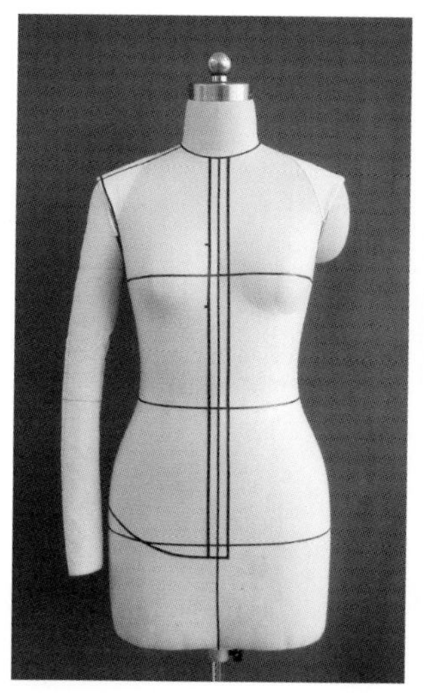

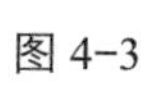

图 4-3

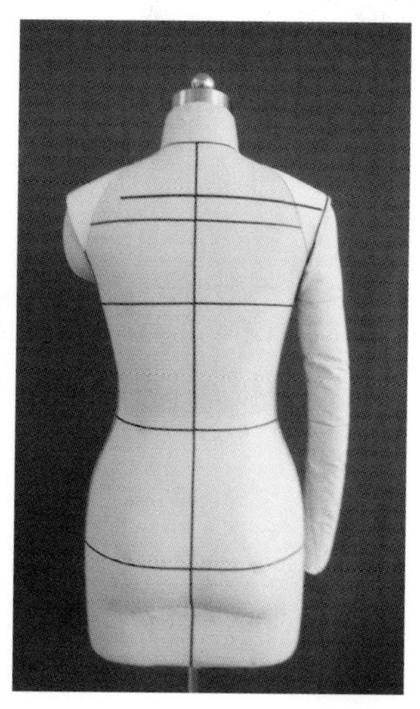

图 4-4

育克线（图 4-6）。

（5）将前布片的前中心线、胸围线对准人台的前中心线和胸围线，固定前颈点下方及胸高点上方。从胸围线向上、向肩线平抚布片，使衣片与人台前胸位置贴合，同时确认纱向不变。沿领围线剪去余布，打剪口并整理。固定侧颈点及肩部。

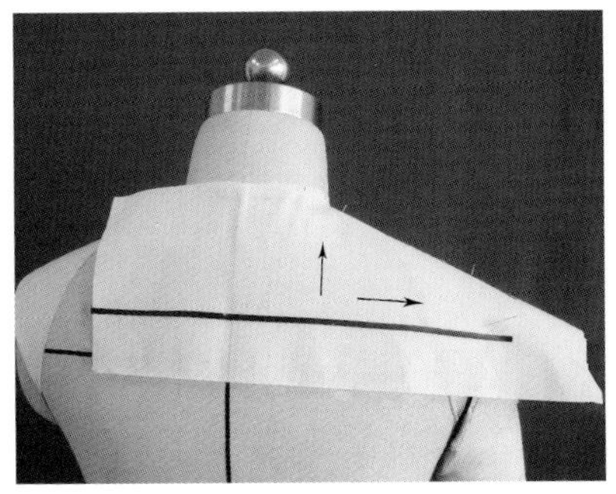
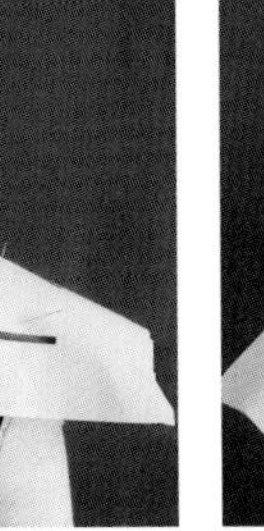

图 4-5

图 4-6

水平推出胸围需要的松量，在侧缝处固定。保留一定的调整量，向下剪开袖窿，注意同时观察袖窿线的形状（图 4-7）。

（6）袖窿处打剪口，将布片转向身后，沿侧缝向下使布片与人台腰臀部形状吻合，在侧缝处固定，产生的余量分为腰省和胸前中心褶两部分。臀围处留出松量，余下沿前中心线向上推至胸前捏褶处，形成褶量。此时衣片形成前、侧两个面，构成箱形，在下面的转折处抓合成腰省（图 4-8）。

（7）用手针沿前中心线抽缩胸前的褶，整理褶型（图 4-9）。

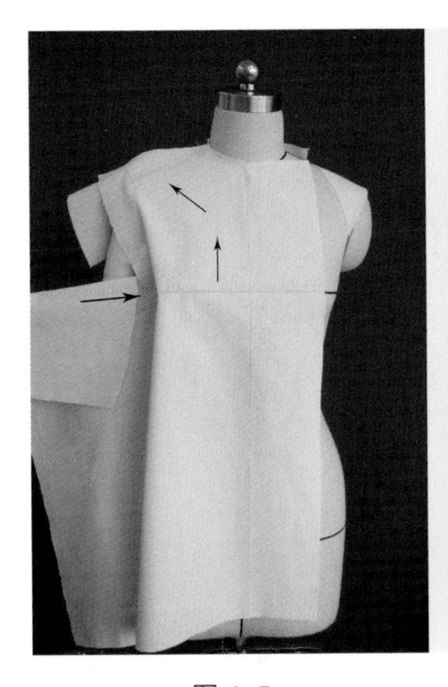
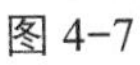

图 4-7

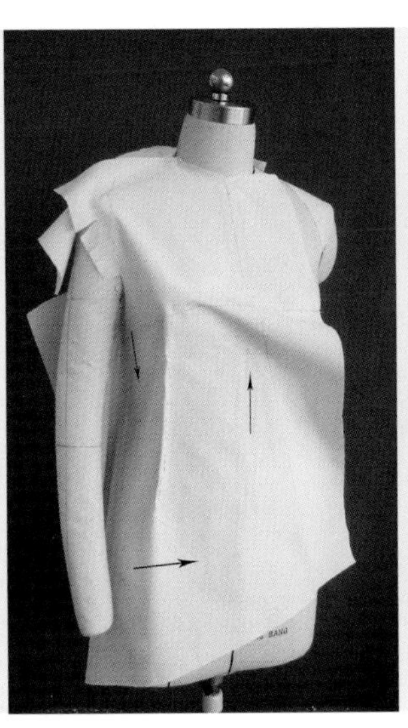

图 4-8

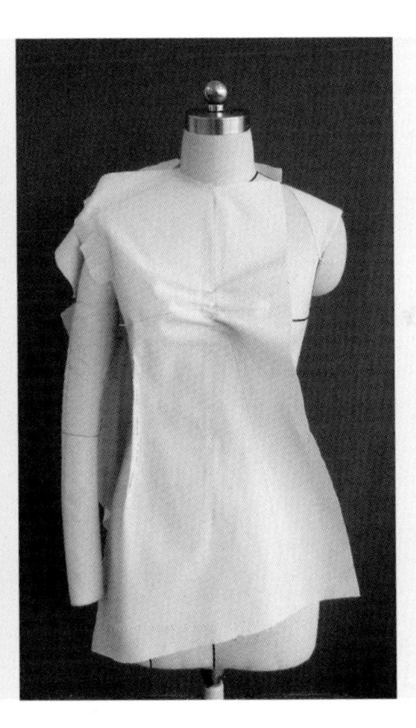

图 4-9

（8）将衣片肩部放在育克布片下，用重叠针法别合，确定落肩量，贴出肩头部分的袖窿弧线（图 4-10）。

剪去育克布片、袖窿、侧缝的余布（图 4-11）。

（9）将后布片上的后中心线对准人台后中心线，胸围线保持水平，衣片上边放入育克布片下，确认衣片与人台的背宽线重合，在后中心线处固定，用重叠针法别合育克和后片。

同前片一样，剪出后袖窿形，将衣片转向前面，做出箱形衣身，找出后背省道的位置、大小和方向，用抓合针法别合省道（图 4-12）。

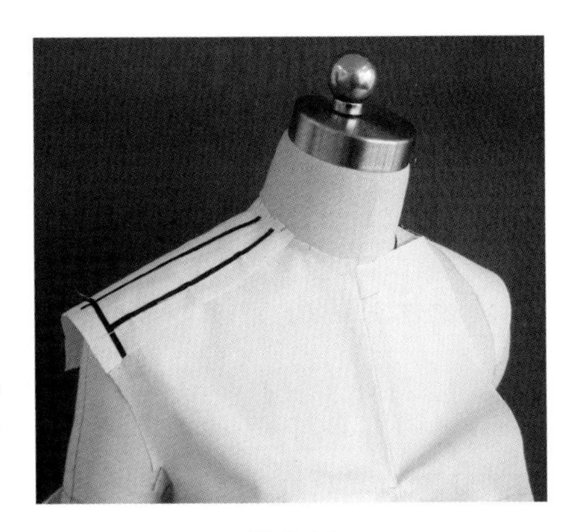

图 4-10

（10）从侧面观察衣身的形，确认胸部、腰部和臀部的松量，抓合侧缝。袖窿底部做出标记（图 4-13）。

（11）整理育克造型，按前、后育克线缝份折入，用折合针法别合，为领子操作做准备（图 4-14）。

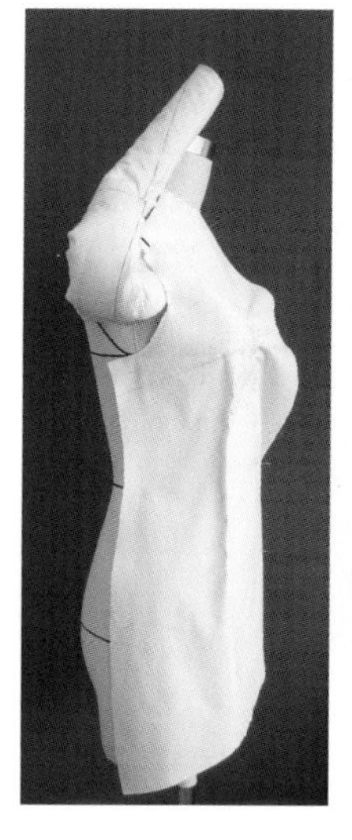
图 4-11

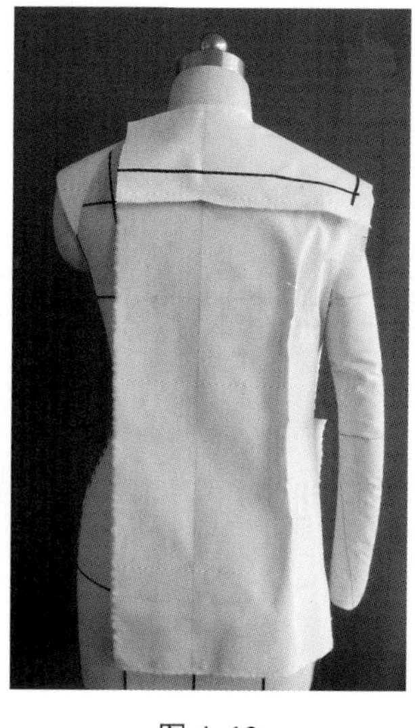
图 4-12

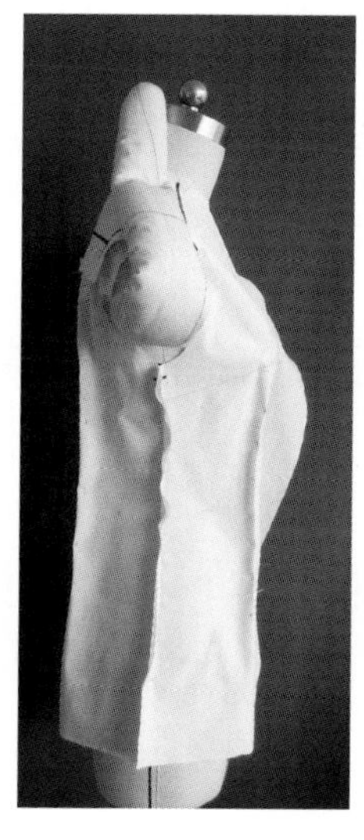
图 4-13

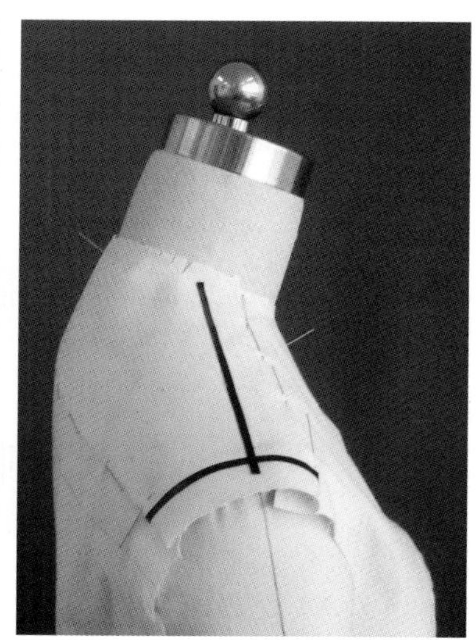
图 4-14

（12）找出领围线，将明门襟宽及下摆线用标示带贴出（图 4-15、图 4-16）。

（13）将底领布片的中心线与后片中心线对准，在后领围中心处用重叠针法水平固定，在距中心线 2.5 cm 左右保持水平别合。用手指控制领和颈部的空间与角度，沿后领口线向前将底领别合，边操作边打剪口，转折处要圆顺（图 4-17）。

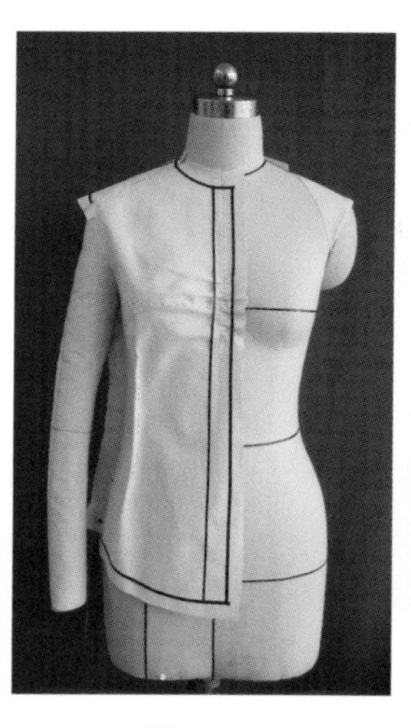
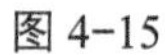
图 4-15

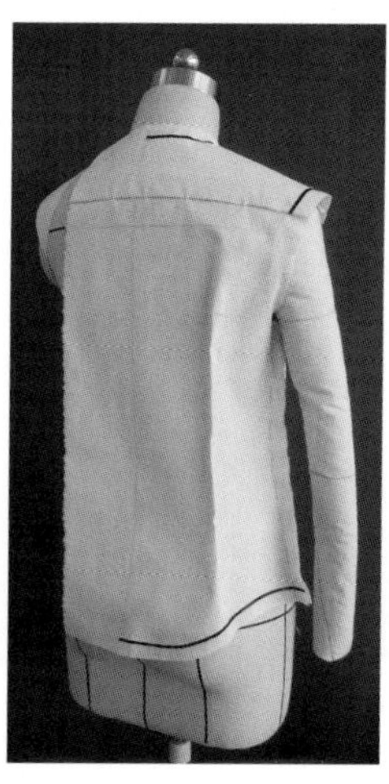
图 4-16

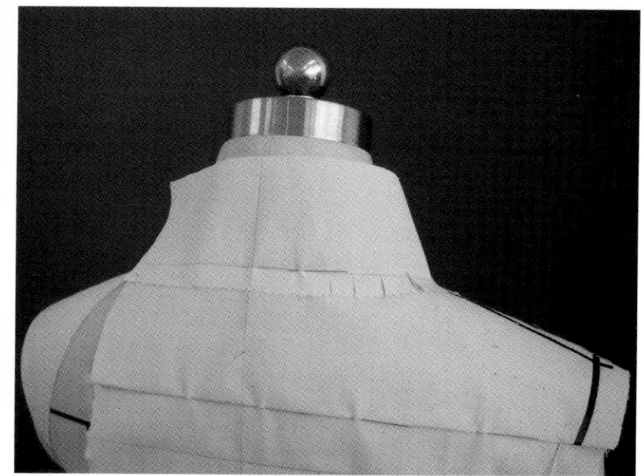
图 4-17

（14）保证底领与颈部有一定的空间松量。沿领围线继续向前，边转打剪口边别合，确保底领的装领线圆顺。定好领座宽，贴出造型，剪去余布（图 4-18）。

（15）将翻领的后中心线与底领的后中心线对齐，翻领装领线水平对准底领的后领宽标示线，并用重叠针法固定，直到侧颈点上方（图 4-19）。

（16）在后中心位置确定翻领的宽度，用大头针别好。将翻领缝份向上翻折，可以使向前转领片的过程更加顺畅（图 4-20）。

图 4-18

（17）一边向前找领型一边在翻领外侧打剪口，使领片顺利地转至前面。将领片翻起，在装领线缝份处打剪口，用重叠法别合装领线（图 4-21、图 4-22）。

（18）整理领型，用标示带贴出领面造型，留缝份后剪去多余的布。做好翻领、底领和领围线的对位记号（图 4-23）。

（19）用折合法别合侧缝，并将前、后省道成型别合，省道线倒向衣身侧缝。整理翻领和底领，缝份扣净，对合翻领与底领，再将整个领子别合在衣身的领围线上。用标示带贴出袖窿线(图 4-24)。

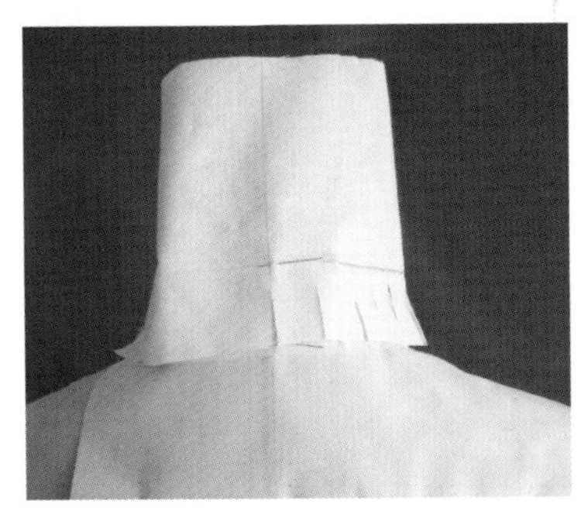

图 4-19

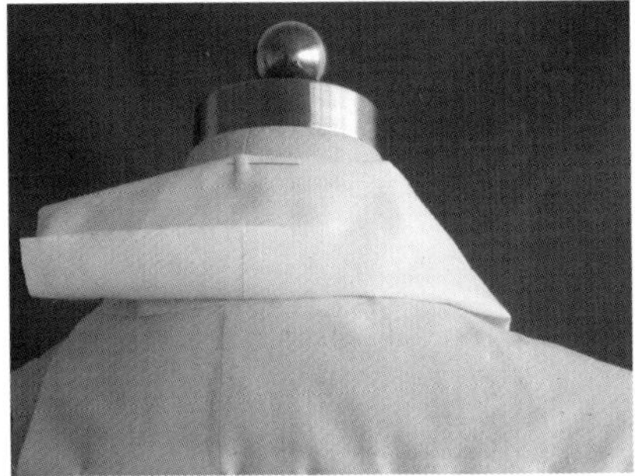

图 4-20

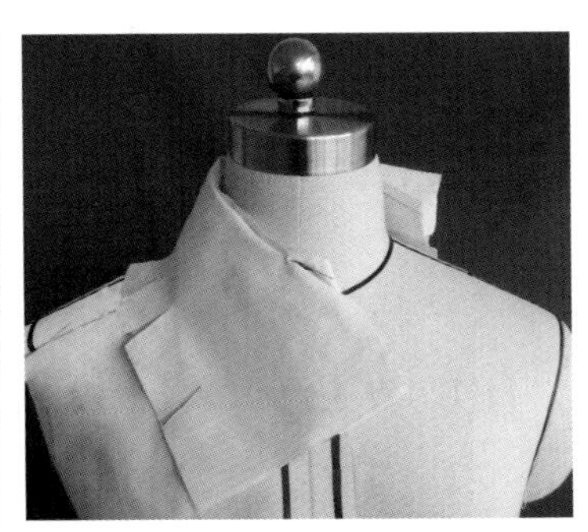

图 4-21

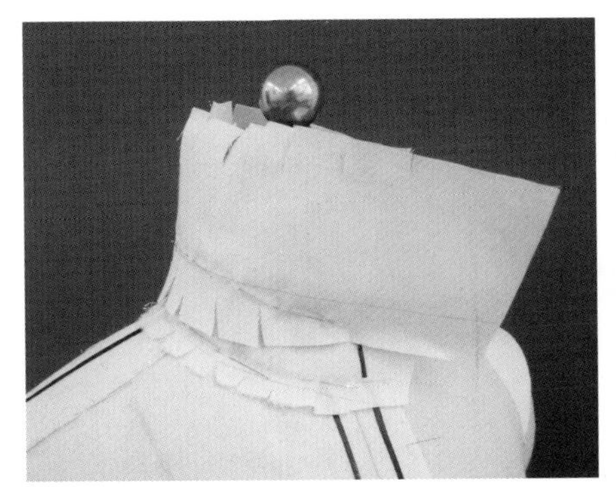

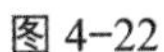

图 4-22

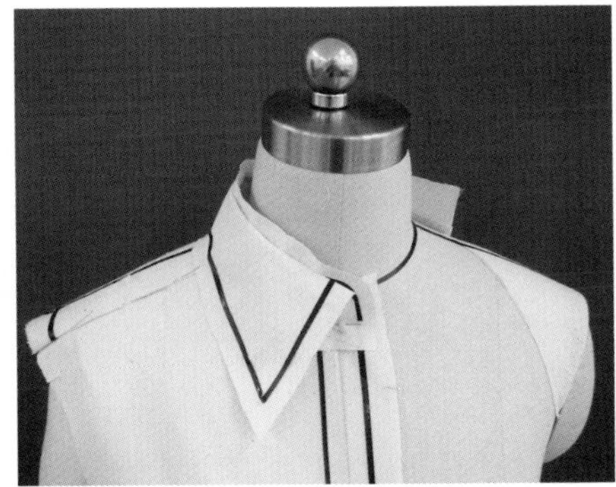

图 4-23

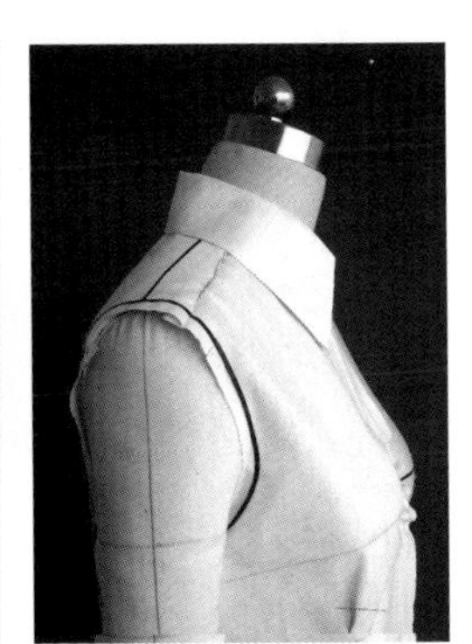

图 4-24

（20）袖子平面制图如图 4-25 所示。

（21）将袖子的克夫整熨好，先别合好袖口处的褶量，袖缝处前压后用折合法别合。确定袖开衩位置及长度，剪开，别合袖身与袖克夫（图 4-26、图 4-27）。

（22）装袖时先将手臂抬起固定，袖底点与衣身袖窿底点对合并固定。然后将布手臂放入袖筒，抬起一定角度，保证袖的活动量。确认前腋点、后腋点和袖山处与袖的别合点。用藏针法别合袖与衣身，适当地分配吃量（图 4-28、图 4-29）。

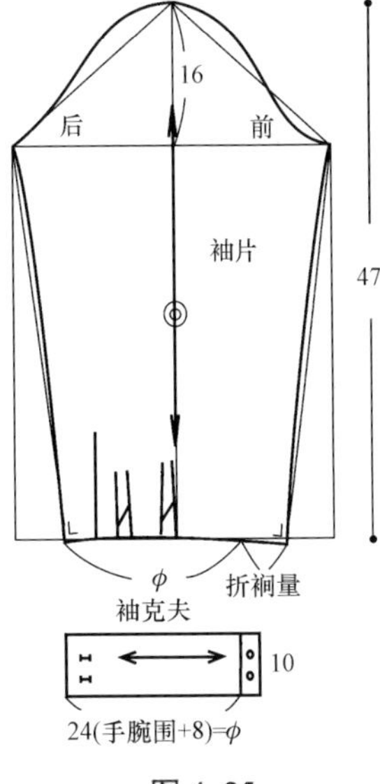

图 4-25

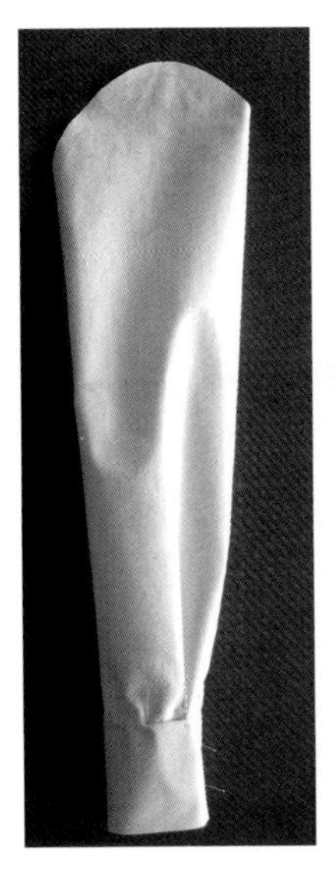

图 4-26

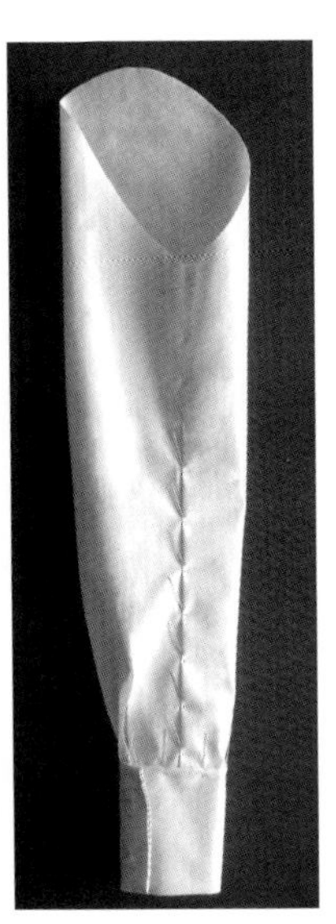

图 4-27

（23）重新整理衣身，将明门襟折好，别合在衣身上，通过观察与测量结合的方法确定纽扣位置并标示。

观察整体造型，确定衣身和袖型等是否形态优美、连接顺畅，是否达到设计款式要求，并进一步修整（图4-30）。

（24）衬衫平面展开图如图4-31至图4-33所示。

（25）衬衫完成图如图4-34至图4-36所示。

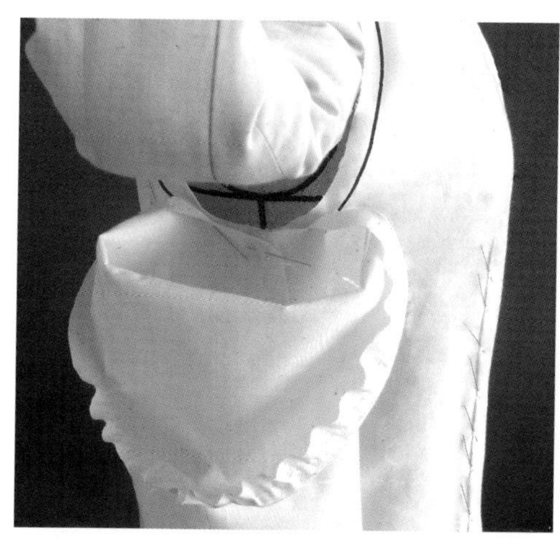
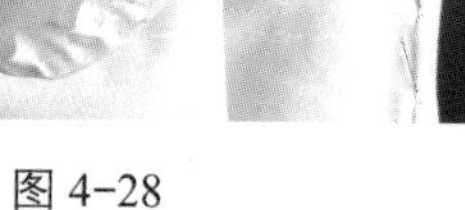

图4-28

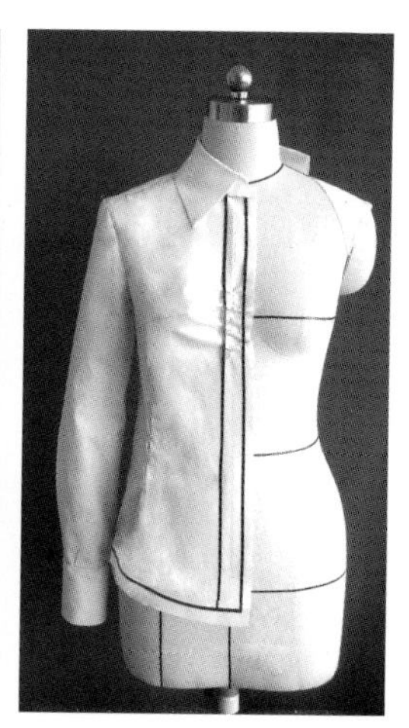

图4-29

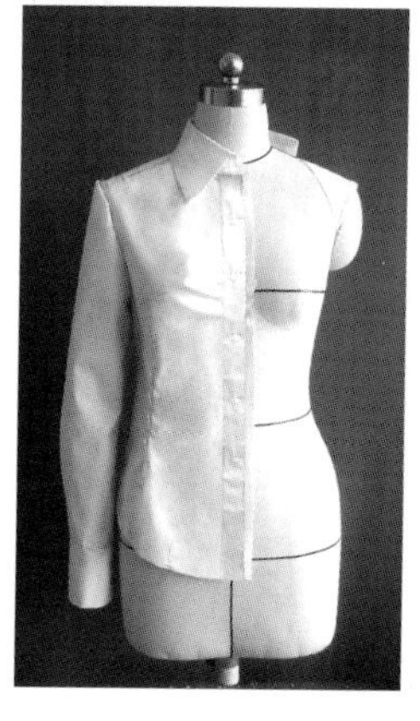

图4-30

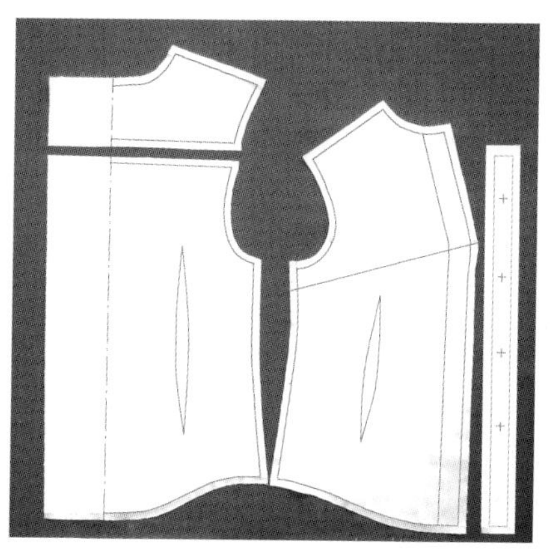

图4-31

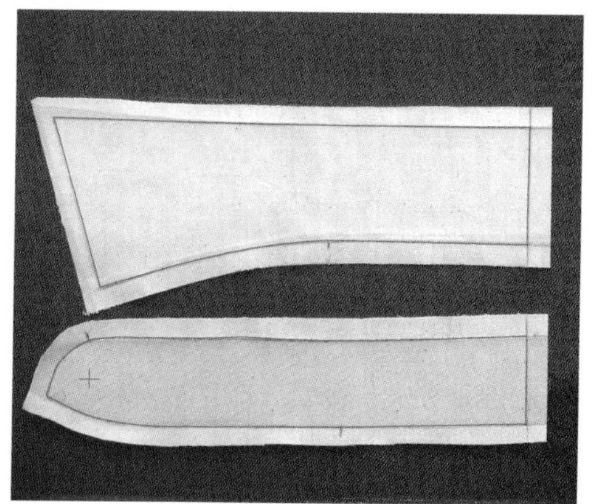

图4-32

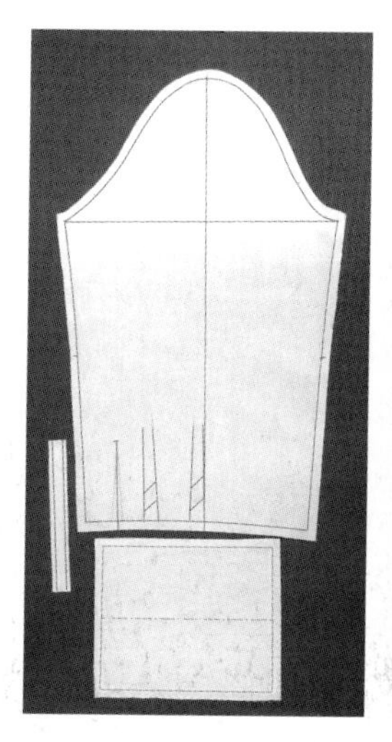

图4-33

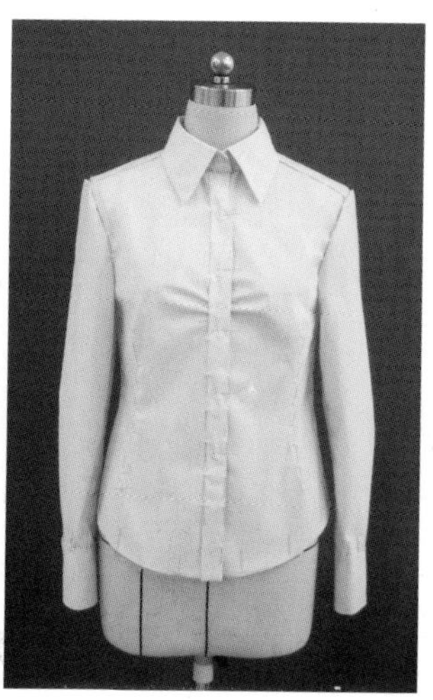

图4-34

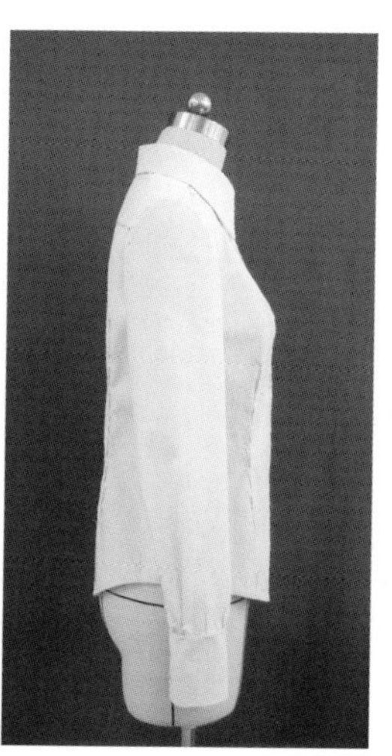

图4-35

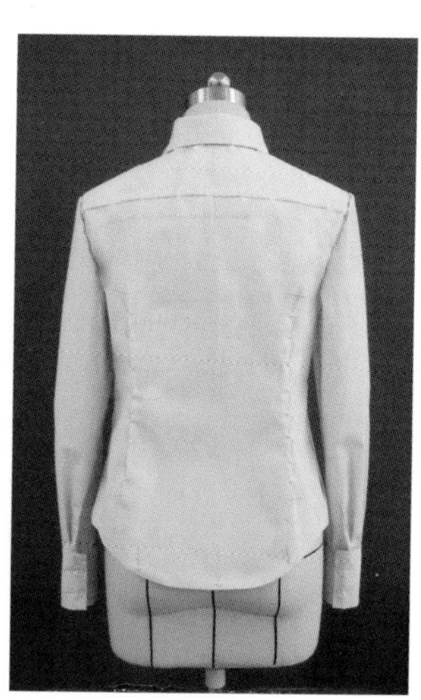

图4-36

三、调版

在立体裁剪时往往以标准人台为表现对象，完成对服装造型的操作。而个体人与标准人台相比较还存在差异，要完成针对个体人的合体订制，还需要对在标准人台操作的版型尺寸根据个体人的差异部分进行调整。下面仅以衬衫为例对调版的方法进行简单的介绍。

1．增加围度量的方法

确定增加量的部位，可以按照图示所标注的序号顺序，将纸版剪开，加入放量。

（1）衣身胸围调整量小于 4 cm 时，按每片围度所占胸围的比例数加放调整量，可以只将序号 1 部位剪开，然后连顺结构线（图 4–37）。

（2）当衣身胸围调整量在 5 ~ 8 cm 时，可以同时将序号 1、2 部位剪开，加放调整量。依次类推，衣身胸围调整量在 10 cm 左右时，将序号 1、2、3、4 部位依次剪开，加放调整量，然后连顺版型结构线（图 4–38）。

2．减少围度量的方法

同增加围度量的部位一样，按照图示所标注的序号顺序将纸版剪开，依次减少围度量。

超过 10 cm 以上加减量的调整，服装款型会产生比例变形，需要重新对版型各个部位尺寸进行确认（图 4–39）。

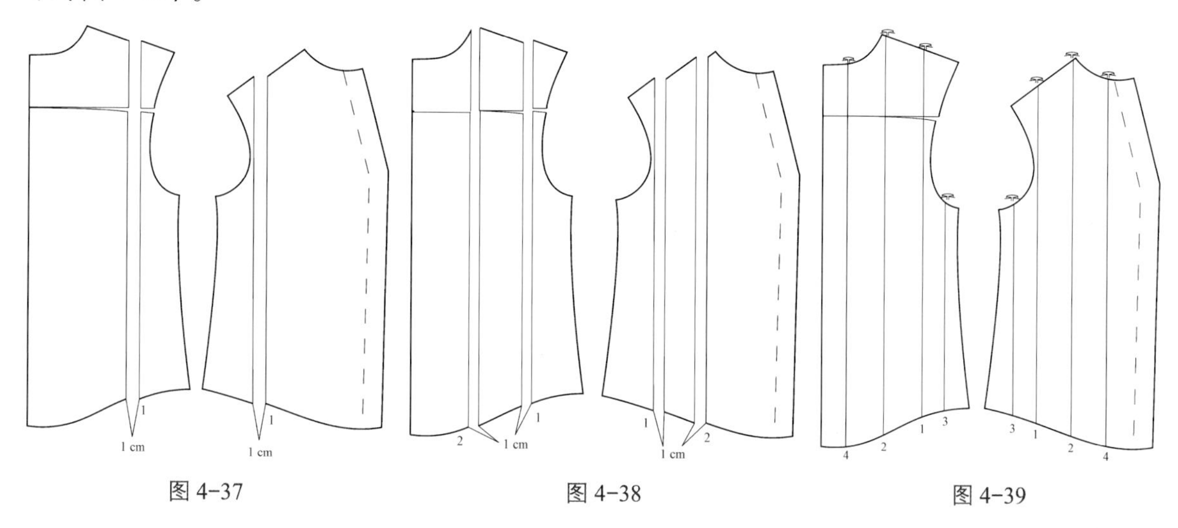

图 4–37　　图 4–38　　图 4–39

3．增、减衣长的方法

如同增、减围度量的方法，按照图示所标注的序号顺序，将纸版横向剪开，加入、减去放量。最后画顺版型结构线（图 4–40、图 4–41）。

在进行版型的调整中不只是单方向地加放和缩短，有时需要横向和纵向同时进行。

4．袖子的加、减量调整

（1）袖子增加长度的方法是横向切开，可设在肘部和其上下两部分。其中，袖肘部可加放 1 ~ 2 cm，其他横向可加放 0.5 cm（图 4–42 至图 4–44）。

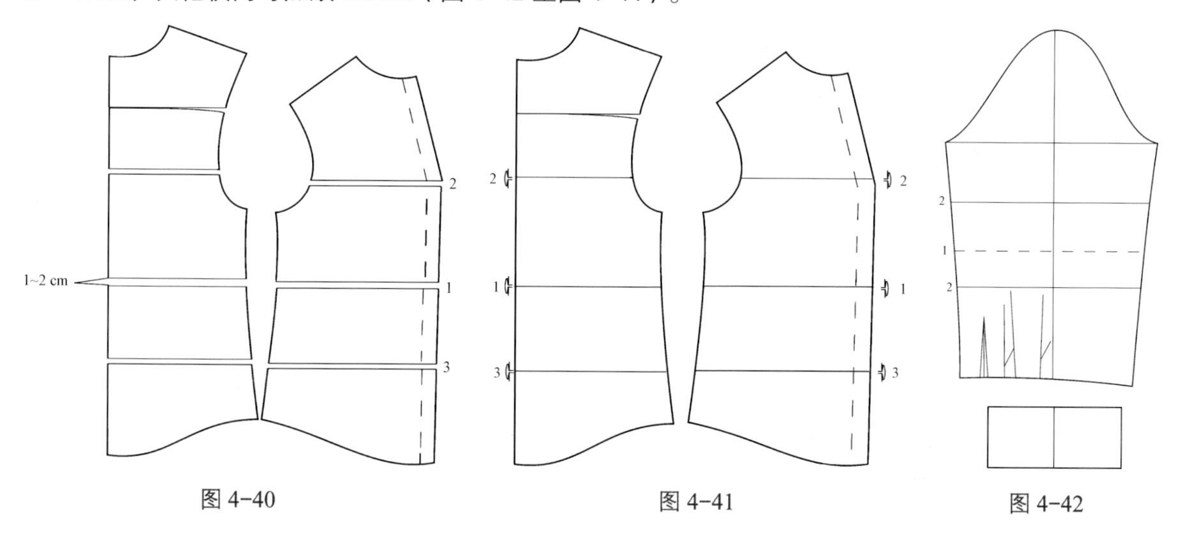

图 4–40　　图 4–41　　图 4–42

（2）纵向分割可设在袖中线上，可根据增加袖子的肥度剪开袖中线，加入需要量（图 4-45）。

（3）袖子减少量时同增加量的部位、顺序和大小一致（图 4-46、图 4-47）。

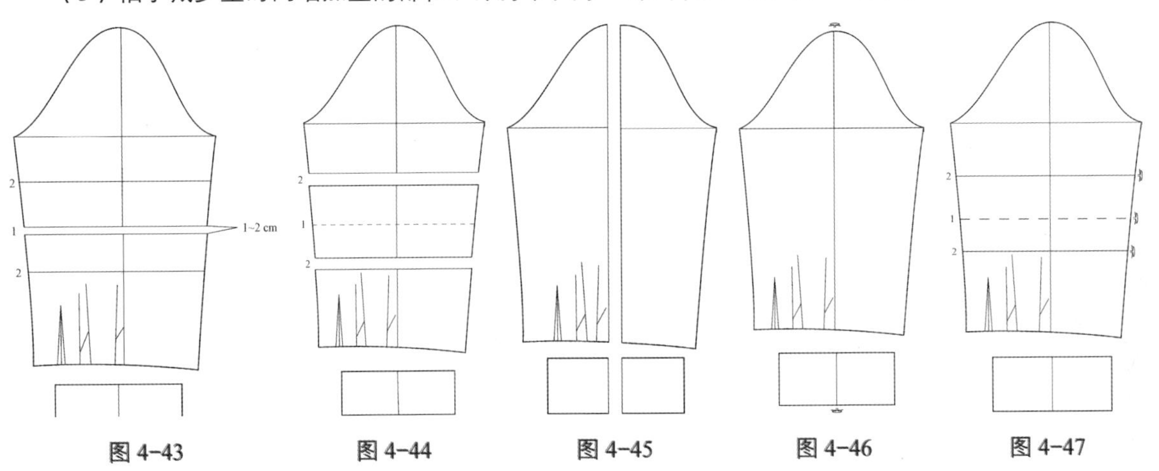

图 4-43　图 4-44　图 4-45　图 4-46　图 4-47

任务二　三开身翻领上衣

三开身翻领上衣采用三开身的结构，前、后有刀背分割线，翻领、圆摆，一片式袖的肘部设有省道（图 4-48）。

一、坯布准备

三开身翻领上衣坯布准备如图 4-49 所示。

图 4-48

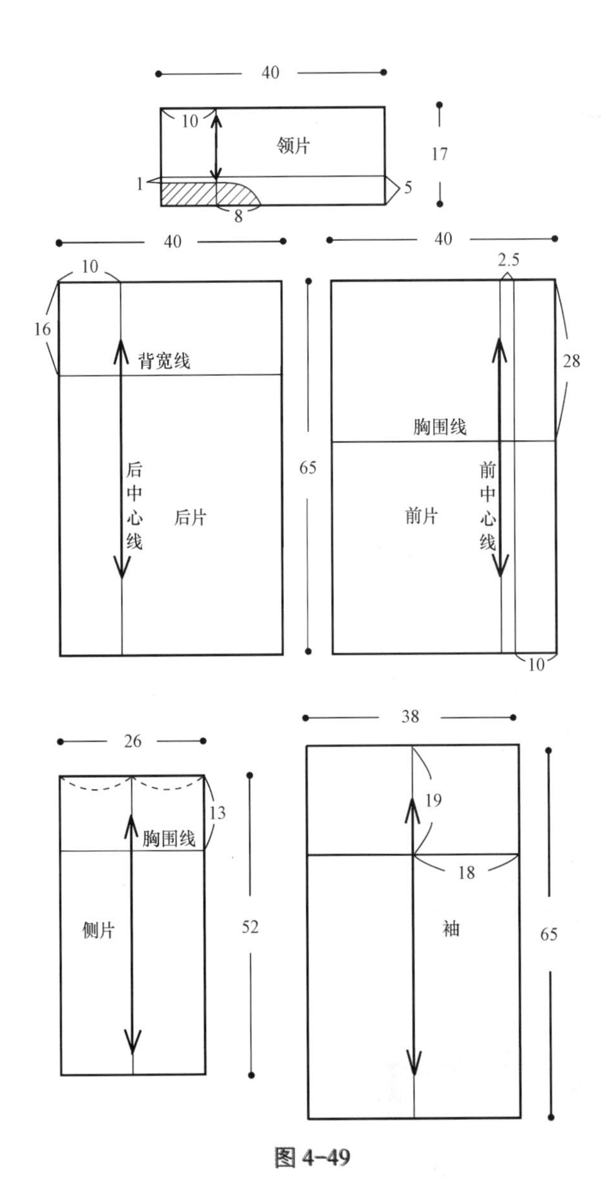

图 4-49

二、别合

（1）将 0.8 cm 厚的垫肩放置在人台上，从肩点向外做出 0.8 cm 左右的冲肩量，作为肩部松量。重新标出肩线与袖窿线（图 4-50）。

（2）在人台上标示出搭门宽线、底摆线及侧片刀背结构分割线，并重新设定领口线及腰节位置（图 4-51）。

（3）前片中心线、胸围线与人台的基准线对准，整理领围线。

在胸围线处推进加放量，并用大头针固定（图 4-52）。

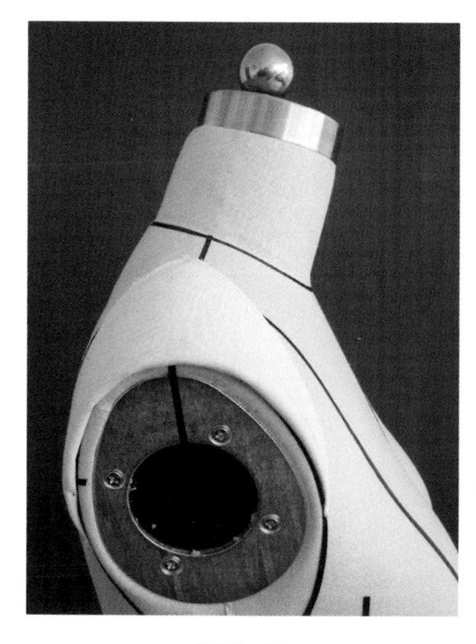

图 4-50

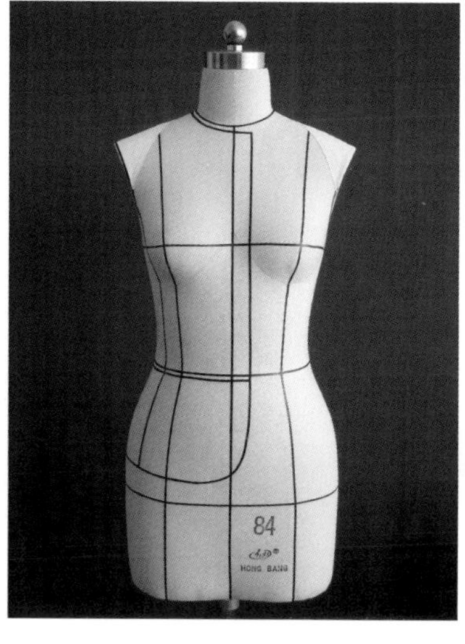

图 4-51

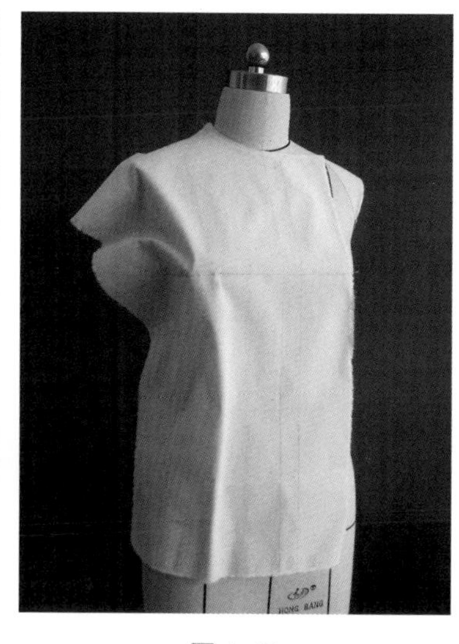

图 4-52

（4）顺着肩线捋平，剪掉肩部多余的量，袖窿部保留 2 cm 的调整量，其余的剪掉。参照人台刀背线保留 2.5 cm 调整量后剪去多余的布。

将袖窿处多余的量在胸围线处收省，用折合针法别合，省尖距离胸高点 3 cm 左右（图 4-53）。

（5）确保衣身的松量后，依据人台标定的分割线保留 2.5 cm 调整量后剪去多余的布。在衣片上贴出分割线（图 4-54）。

（6）侧布片胸围基础线与人台基准线对准，保持垂直，在胸围线、腰围线处固定，沿人台的侧缝线自上而下地捋出松量，并在松量两侧固定（图 4-55）。

（7）依据前片的分割线，用重叠针法将前、侧片别合起来，保留 2.5 cm 的调整量，剪去分割线多余部分。观察前身造型松量是否准确，并加以调整（图 4-56）。

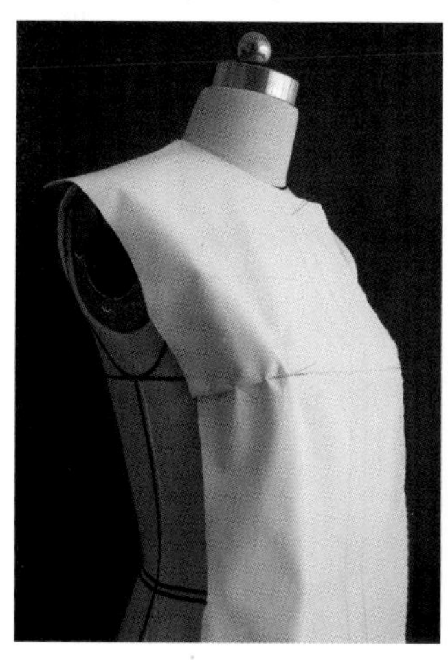

图 4-53

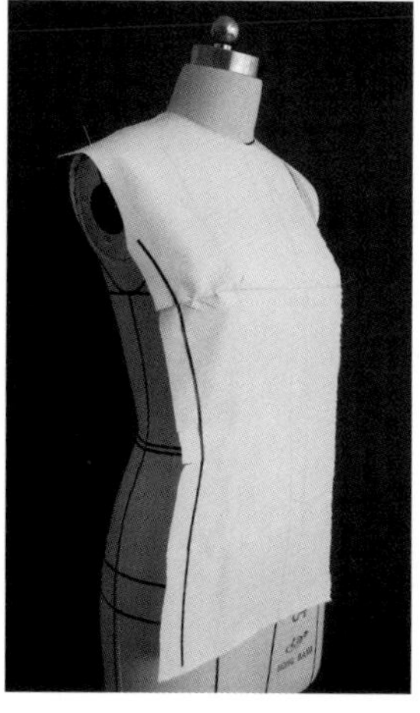

图 4-54

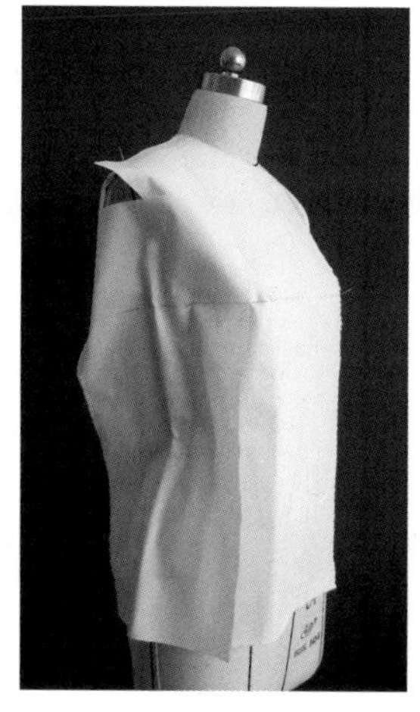

图 4-55

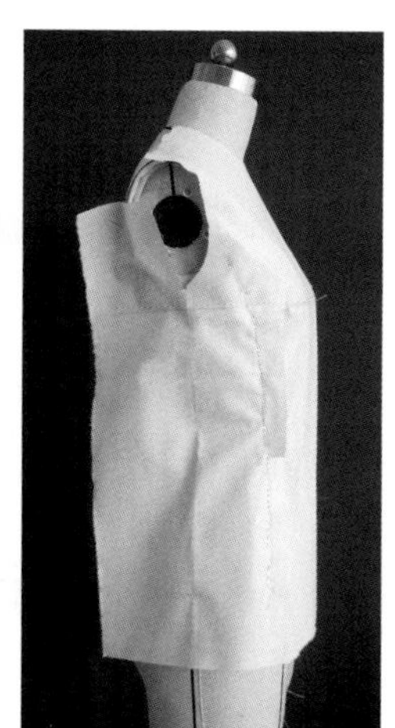

图 4-56

（8）将后布片的中心线、背宽线与人台的基准线相吻合，腰部剪开，轻轻向下捋顺，后片中心线偏离人台中心线，作为腰部的省道量（图 4-57）。

（9）将侧片向前翻转，临时固定，在背宽处推出后片的松量。贴出后衣片分割线，保留一定的调整量，清理领口和肩部多余的量（图 4-58）。

（10）在胸围、腰围和臀围处加入适当的松量，将侧衣片与后片别合，注意观察前、后、侧片是否和顺，分割线是否圆顺美观，对下摆按设计进行修剪，对不理想的地方进行调整（图 4-59）。

（11）将衣身画点影线，取下，在平面上修整版型，整理前襟及下摆，重新用大头针别合（图 4-60 至图 4-62）。

（12）领的后中心线与后片中心线对准，从后颈点开始约 2.5 cm 水平别合领和衣身，留 1 cm 的缝份，剪去多余的布（图 4-63）。

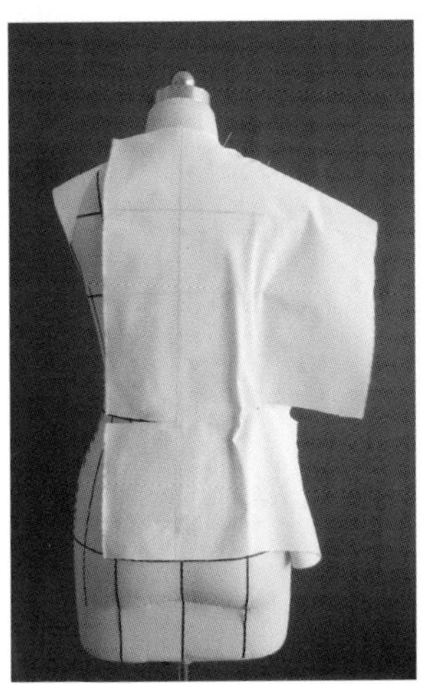

图 4-57

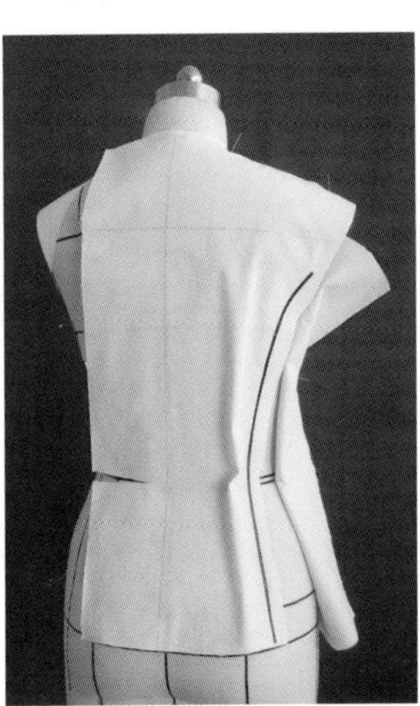

图 4-58

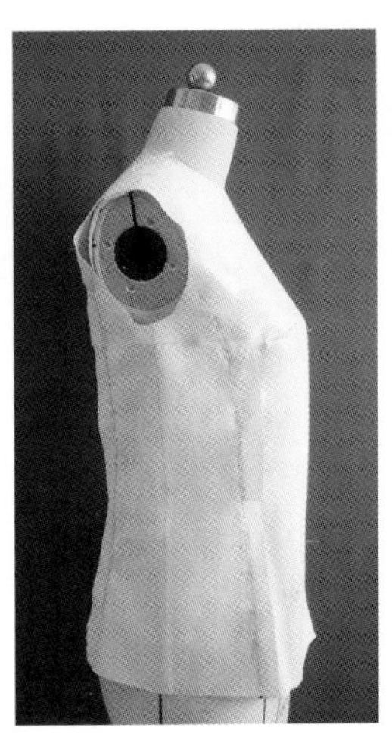

图 4-59

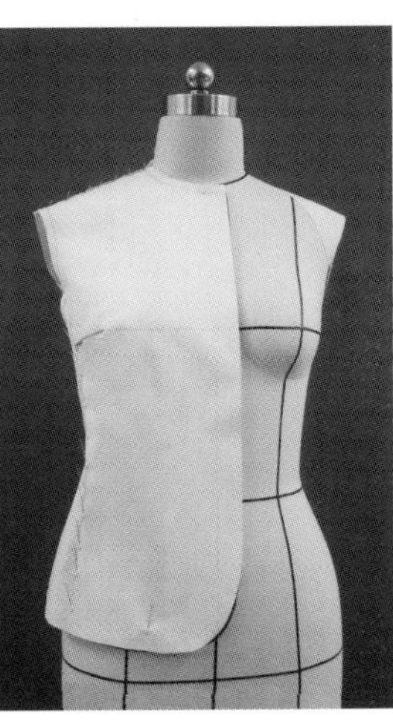

图 4-60

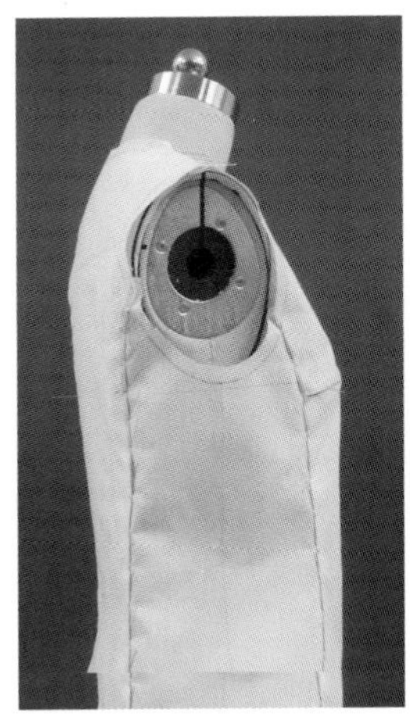

图 4-61

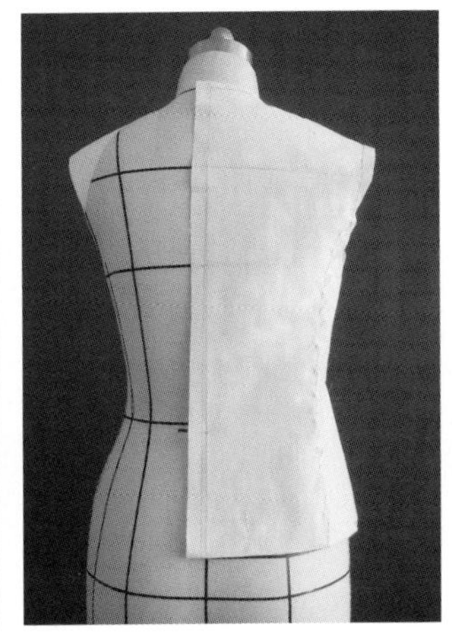

图 4-62

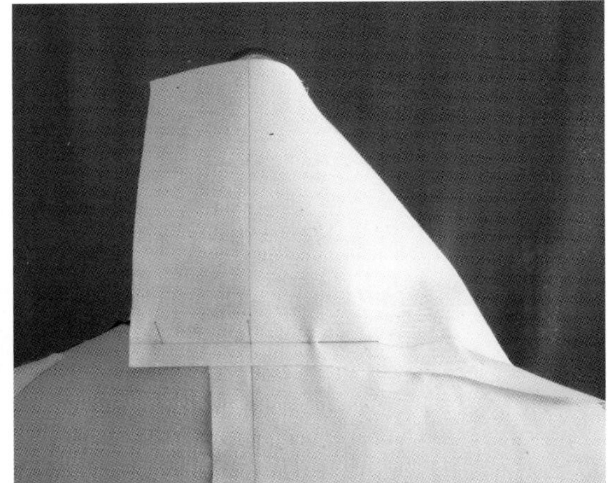

图 4-63

（13）一边打剪口一边用大头针固定，至侧颈点处，用手指控制领与颈部的空间。在后中心线处确定领宽，用大头针水平固定（图 4-64）。

（14）将领向前绕，打剪口并整理形状，确定领的造型。用标示带贴出领形。留 1 cm 缝份，剪去余布（图 4-65、图 4-66）。

（15）将完整的领子，用大头针别合在领口线上，

图 4-64

观察整理领型，并确定扣位及大小（4-67）。

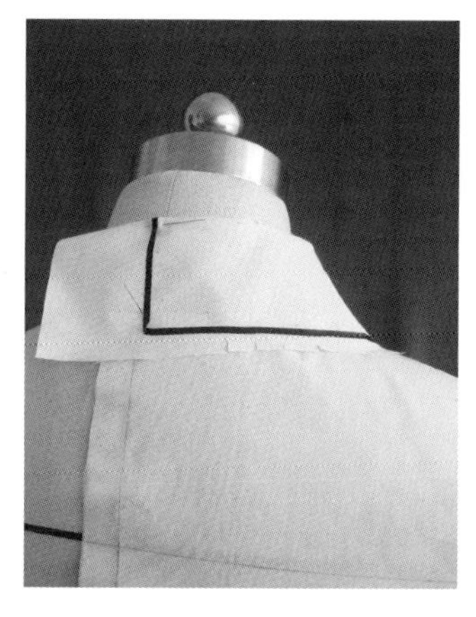
图 4-65

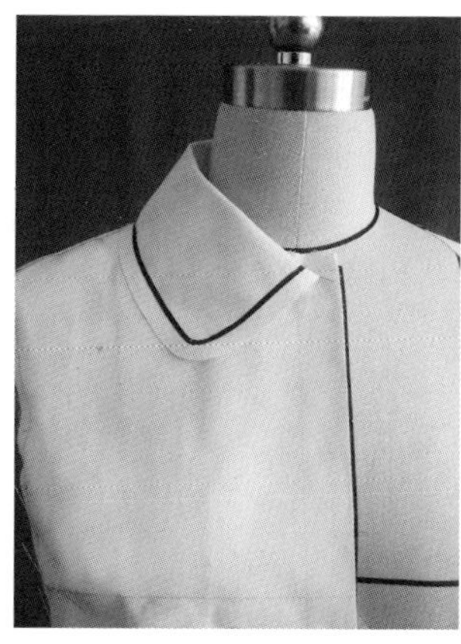
图 4-66

图 4-67

（16）根据衣身平面测量出袖窿尺寸，完成平面制图（图 4-68）。

（17）制出带袖肘省的一片袖版，用大头针将袖子别合成型（图 4-69、图 4-70）。

（18）为了使袖山的造型更饱满圆顺，上袖之前要抽缩袖包，在袖山缝份外 0.7 cm 处用白棉线将袖山与袖窿长度的差量抽缩吃进（图 4-71）。

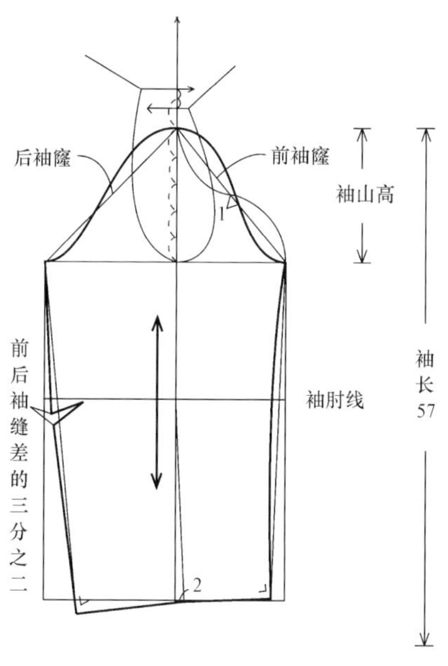

图 4-68

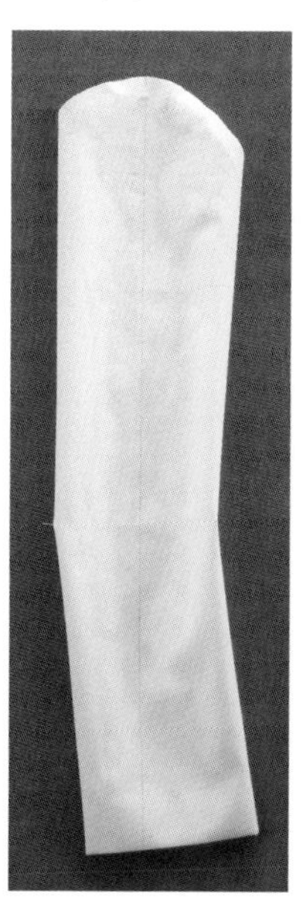
图 4-69

图 4-70

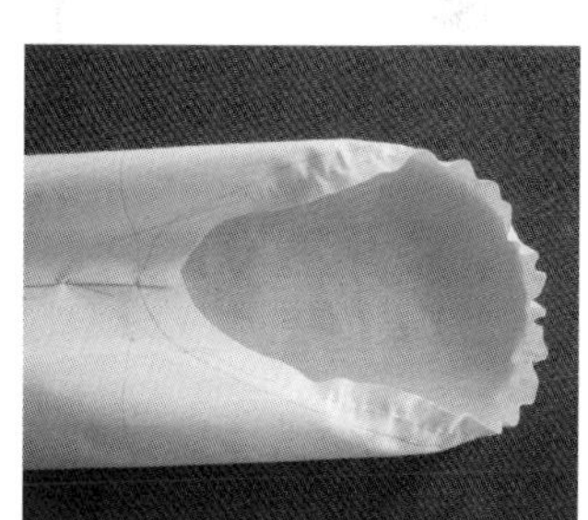
图 4-71

（19）布手臂抬起，将袖山底部与衣身袖窿底对合，在内侧用大头针别合（图 4-72）。

（20）将布手臂穿入袖中，保持约 30° 稍前倾角度，确定袖山、前后上袖点，用藏针法上袖，然后放下布手臂，观察袖型及方向（图 4-73）。

（21）上袖后的衣身效果（图 4-74 至图 4-76）。

图 4-72

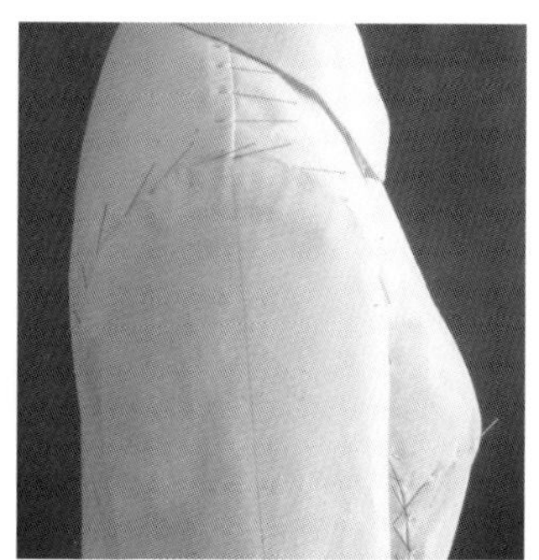
图 4-73

（22）取下衣片，修正袖片，描版（图 4-77、图 4-78）。

（23）用复写纸将衣片版型复制到另一侧衣片上，保持两侧的对称和一致（图 4-79）。

（24）完成上衣的效果如图 4-80 至图 4-82 所示。

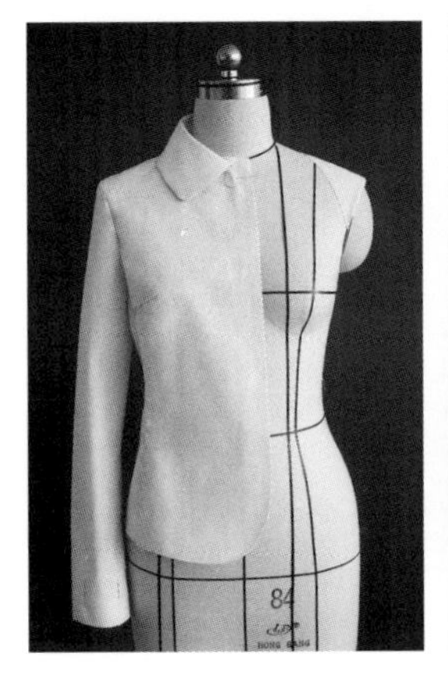

图 4-74

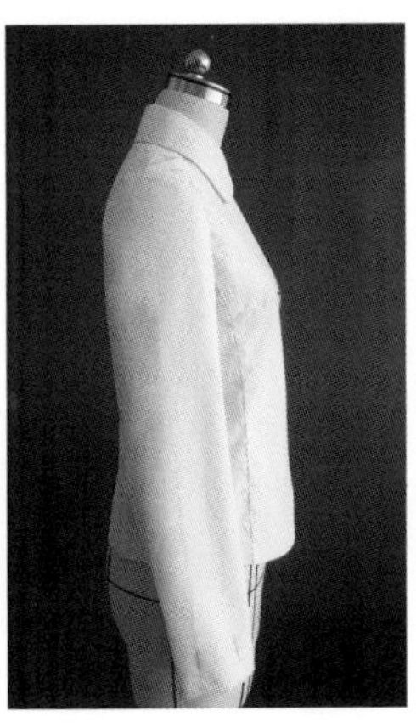

图 4-75

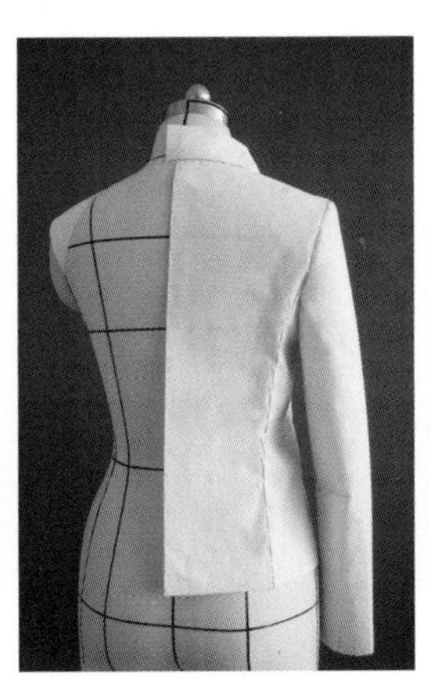

图 4-76

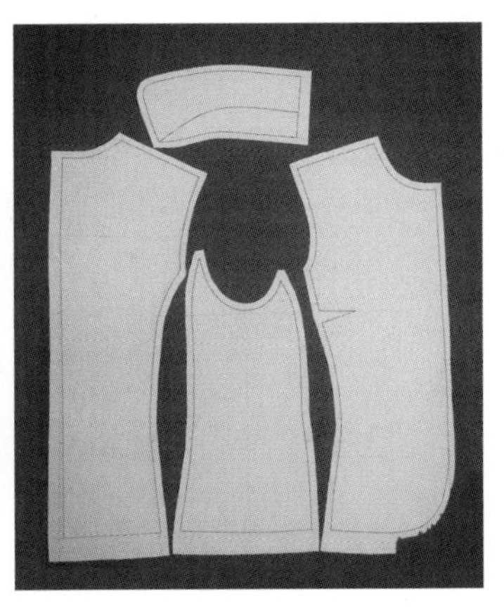

图 4-77

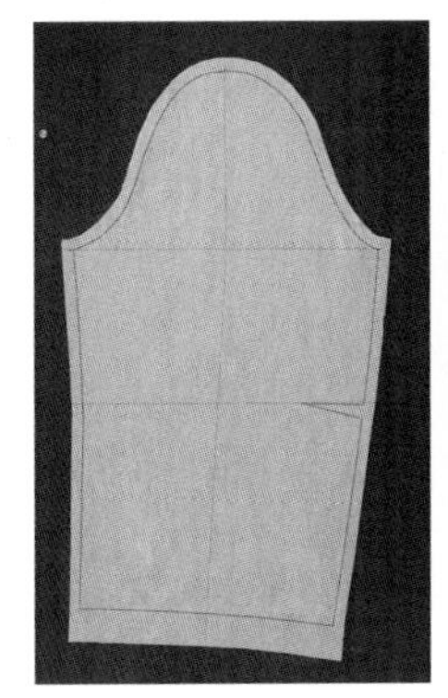

图 4-78

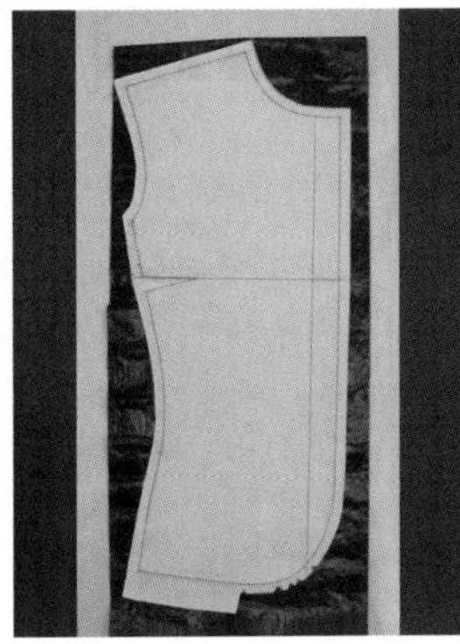

图 4-79

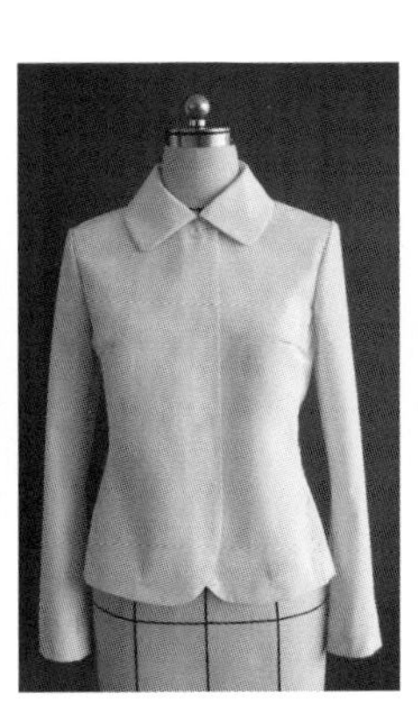

图 4-80

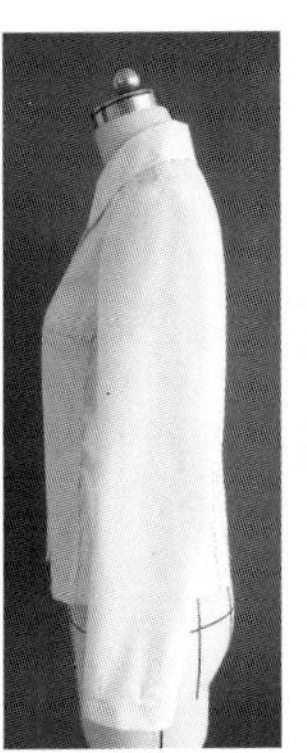

图 4-81

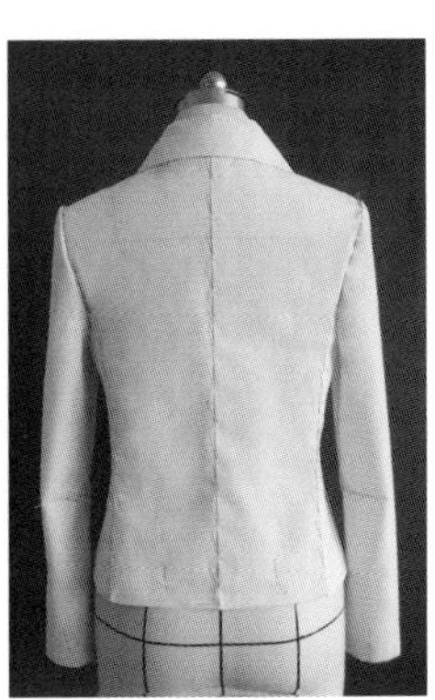

图 4-82

任务三　中式连袖上衣

中式连袖上衣的特征为立领、连袖，前胸有横向胸省，衣身造型宽松，腋下加菱形袖窿插片，袖口呈喇叭型，具有较明显的中式风格（图 4-83）。

中式连袖上衣袖窿插片操作

图 4-83

一、坯布准备

中式连袖上衣坯布准备如图 4-84 所示。

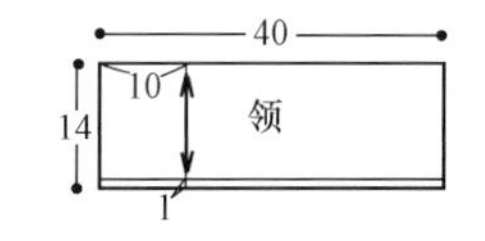

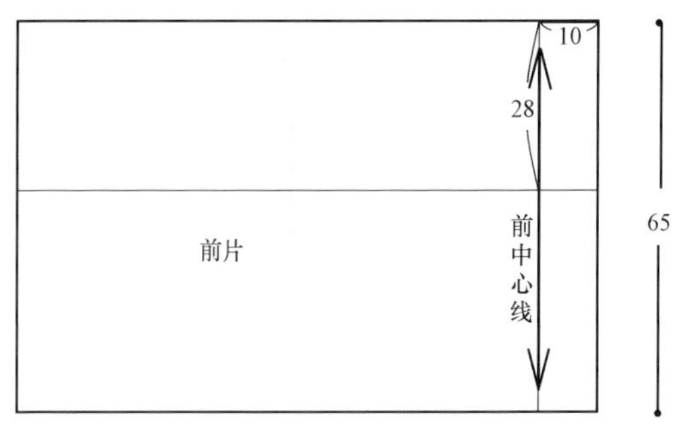

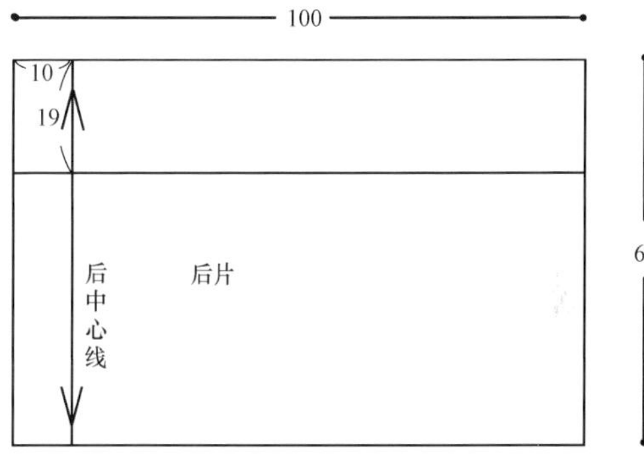

图 4-84

二、别合

（1）前腋点和后腋点垂直向下与胸围线的交点，定为连袖腋下剪开标记点。在侧缝线上标示出袖窿插片拼合下点（图 4-85）。

（2)将前片的中心线、胸围基础线与人台前中心、胸围基准线对准，在两侧胸高点处固定。

沿胸高点向上抚平衣片，找到侧颈点，固定。整理领围，打剪口使其贴服，将多余的布剪去。

在领口处形成的余量向中心线和两乳中间轻推，形成胸省，用抓合法固定。

固定肩端点，将衣片自然顺下，水平向胸宽处推出需要的松量并固定。衣片整理出箱形造型(图 4-86)。

（3）布手臂拉起约 30° ，稍向前倾，保持衣身松量和造型，贴出侧缝线，固定。沿侧缝线留 2 cm 左右调整量剪开，从拼点剪开再至前腋下标示点，用标示带贴出前侧缝线。

此时要注意边观察边开剪，以防开剪位置偏差或剪过量（图 4-87）。

（4）保持布手臂抬起的状态，确定肩线和袖中线，用标示带贴出肩和袖中线。保留一定的调整量，剪去多余的布。

贴出标示线，从肩点下落约 1 cm 在袖中线上确定袖长，剪去多余的布（图 4-88、图 4-89）。

（5）将后片与人台的后中心线、背宽线对准，在后颈点下方和背宽处固定，在后领口中线上方打剪口。向下自然抚平衣片（图 4-90）。

（6）整理领口线，剪去多余的布并打剪口使其贴服。在背宽处推出需要的松量，固定肩点。向下自然捋出后片稍显梯形的箱形造型（图 4-91）。

（7）抬起布手臂约 30° ，保持衣片造型松量，根据前片侧缝线确定侧缝位置，用重叠针法固定（图 4-92）。

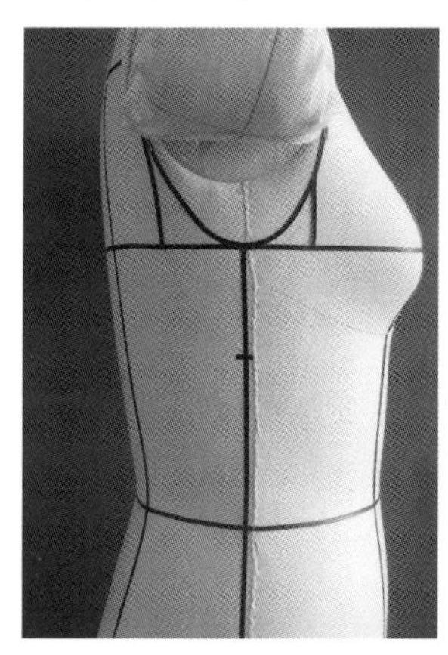

图 4-85

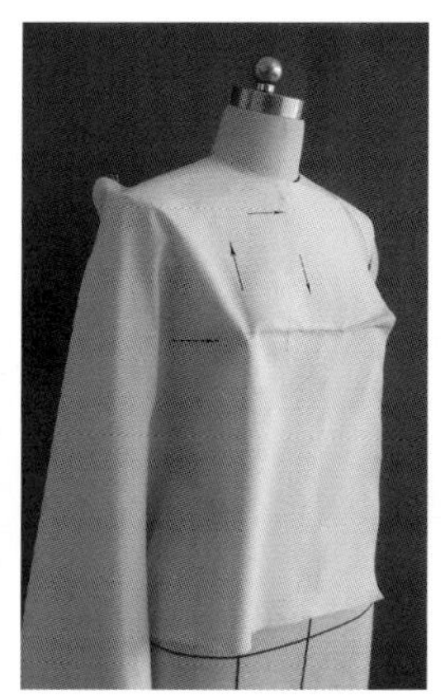

图 4-86

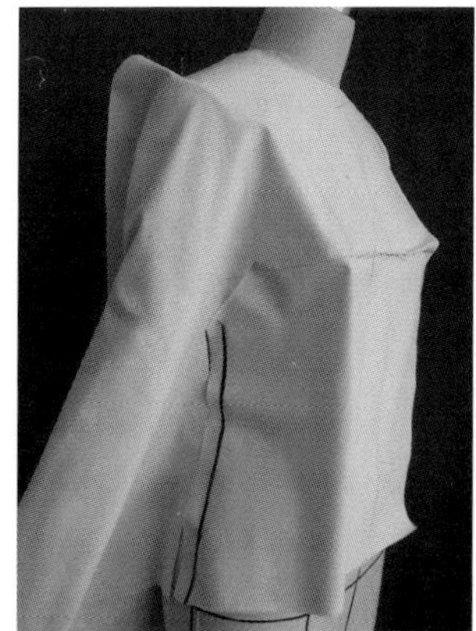

图 4-87

图 4-88

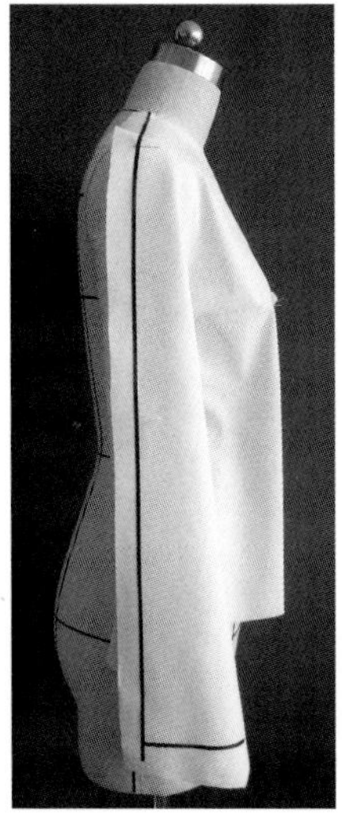

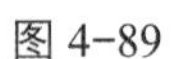

图 4-89

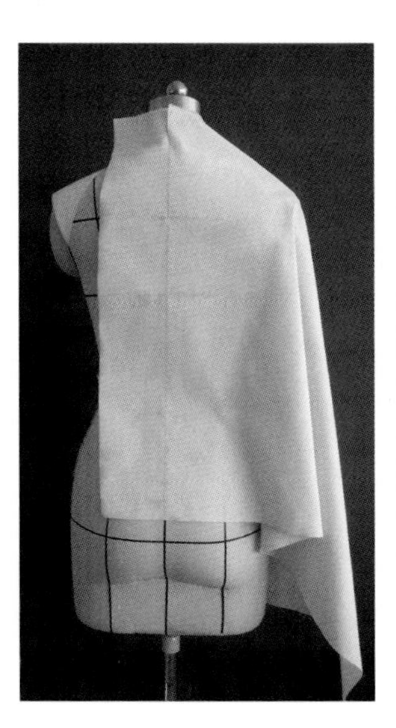

图 4-90

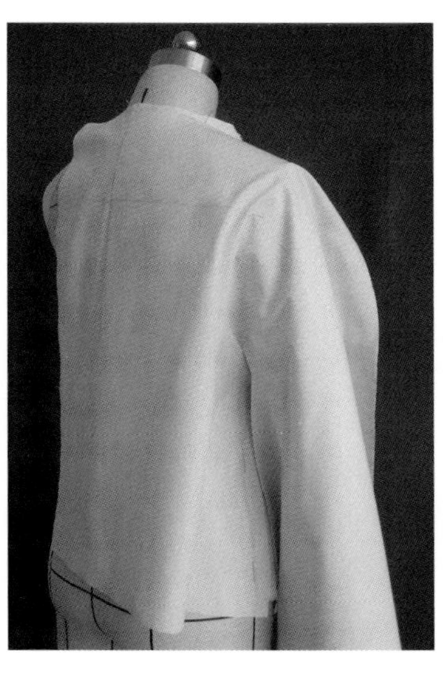

图 4-91

图 4-92

（8）留一定的调整量剪开至袖窿插片，再至后腋下标记点。注意开剪的方向、位置，贴出标示线（图 4-93）。

（9）将袖窿菱形插片对角线与衣身侧缝线和袖子缝份线对合一致，用重叠针法固定（图 4-94）。

（10）保持布手臂的角度，从侧面观察袖型，确定后袖中线，用重叠法固定前、后袖片，剪去后袖片多余的布（图 4-95）。

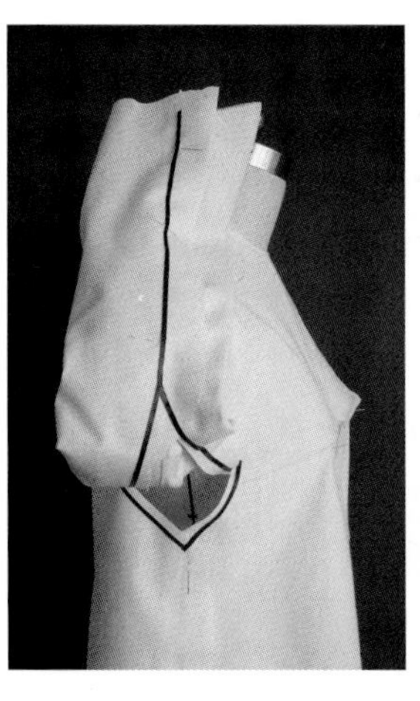

图 4-93

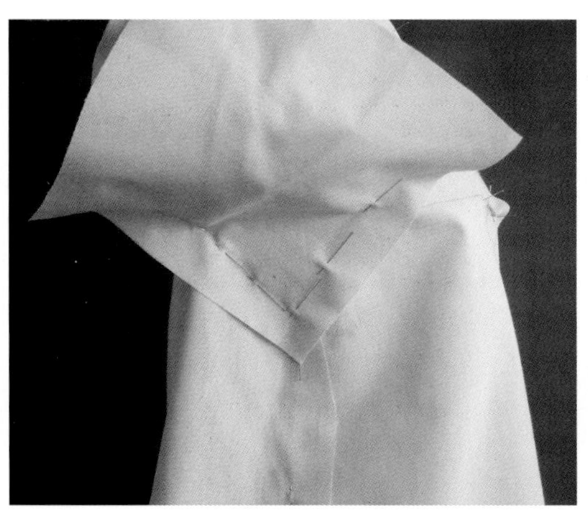

图 4-94

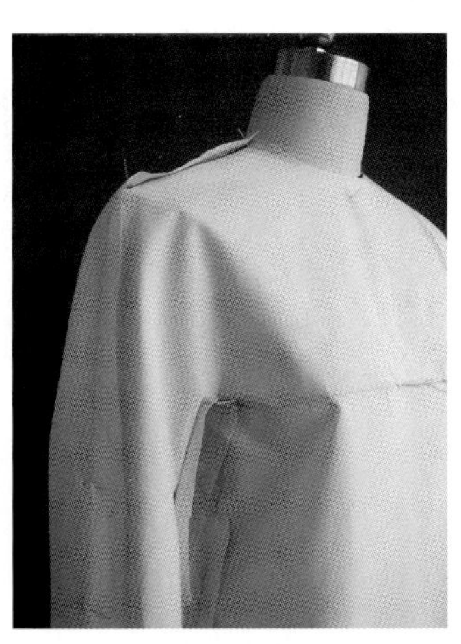

图 4-95

（11）整理袖型，确定袖肥，袖口做出喇叭的造型，用重叠法别合内侧袖缝。

将手臂抬起露出袖内侧，保证袖身和衣身的松量、造型，根据腋下形成的剪切口张开的宽度和形状，留足够余量。

用折叠针法沿贴好的袖窿菱形插片与袖子和衣身别合在一起，注意要保持袖窿插片和衣身、袖子的平整、不扭曲（图 4-96、图 4-97）。

（12）放下布手臂并保持 30° 状态，观察袖和衣身的形态、腋点附近的松量和空间，进行调整。

画点影并取下衣片进行版型的修正（图 4-98）。

（13）在重新别合好的衣身上确定装领线，前领口下落约 2 cm，用标示带贴出（图 4-99）。

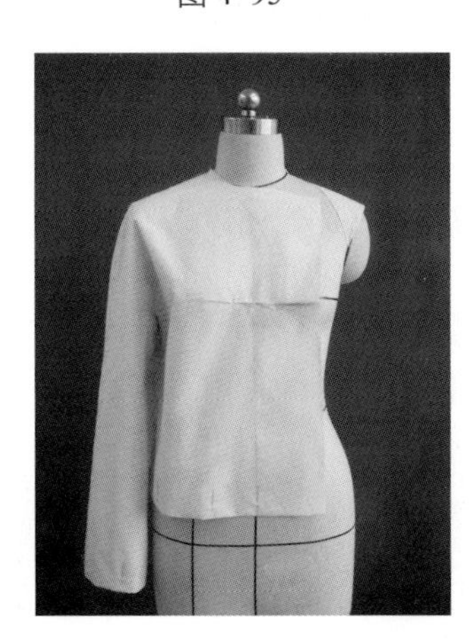

图 4-96

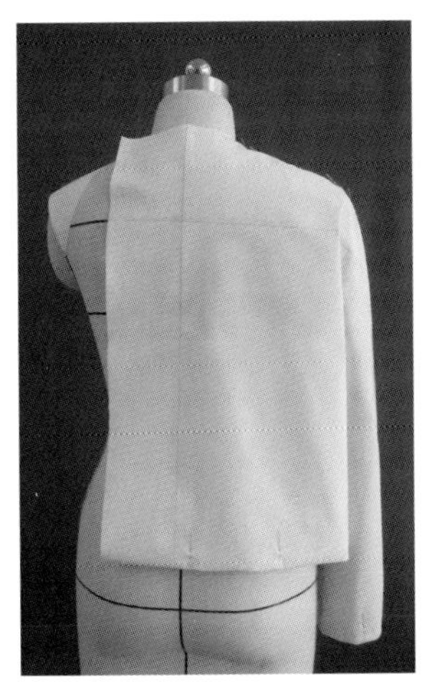
图 4-97

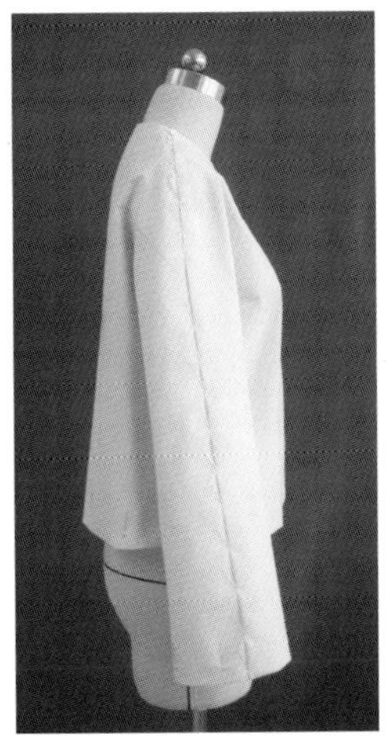
图 4-98

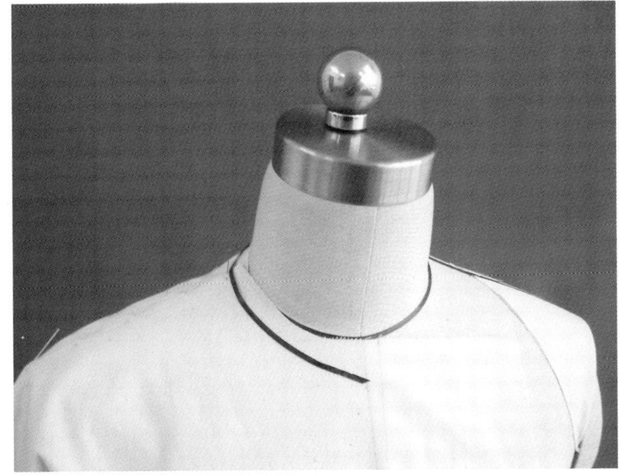
图 4-99

（14）将领片后中心线对齐衣身的后中心线，装领线与衣身领围线对准，从后中心开始向外 2.5 cm 水平别合。领片向前，边转边打剪口（图 4-100）。

（15）用手指在领片与颈部之间控制空间量和领子的造型，沿领围线别合。缝份处打剪口使领更服贴圆顺（图 4-101）。

（16）确定领宽，用标示带贴出领型。留 1 cm 的缝份，剪去多余的布（图 4-102）。

图 4-100

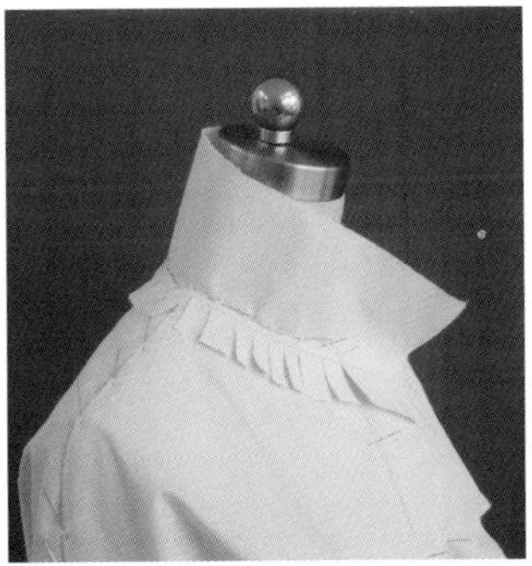
图 4-101

图 4-102

（17）取下衣片修整版型，完成左右衣身、领子和袖子的复片（图 4-103 至图 4-105）。

（18）衣身完成效果。

完成效果以袖自然下垂后胸宽处无太多余量，腋下袖窿插片较隐蔽，并且不影响手臂抬起为宜（图 4-106 至图 4-108）。

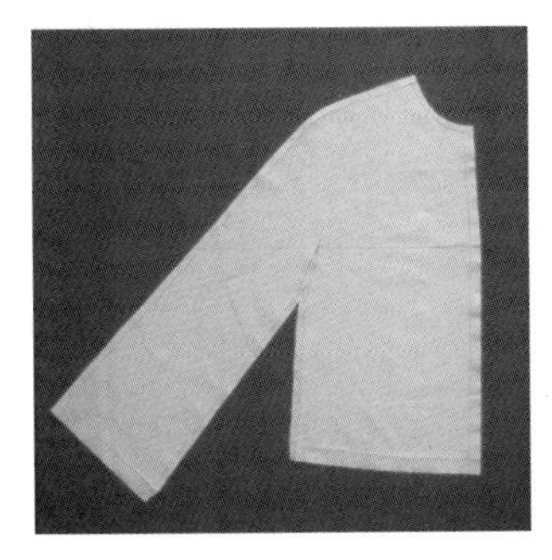
图 4-103

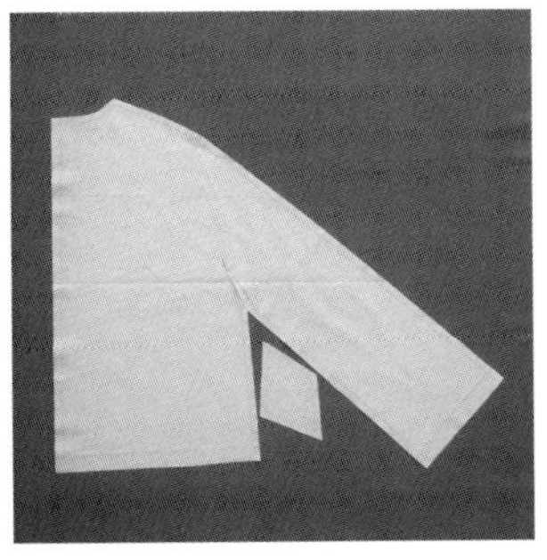
图 4-104

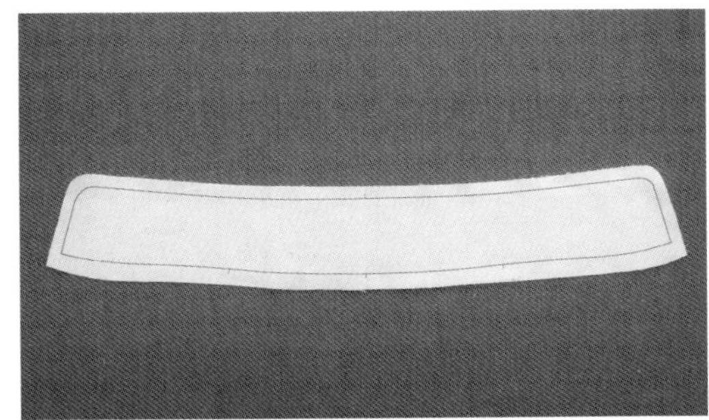
图 4-105

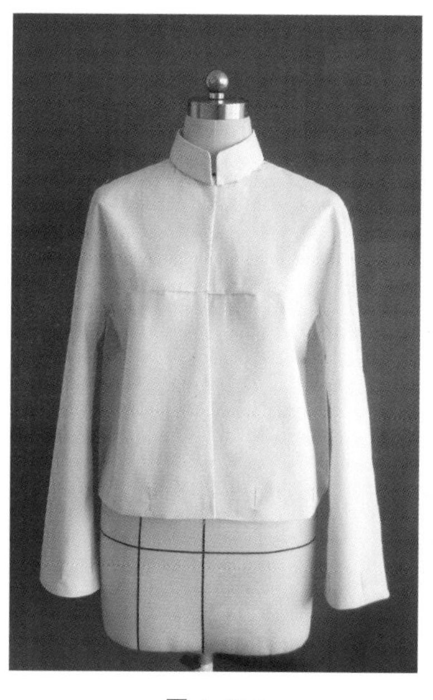

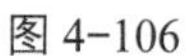

图 4-106

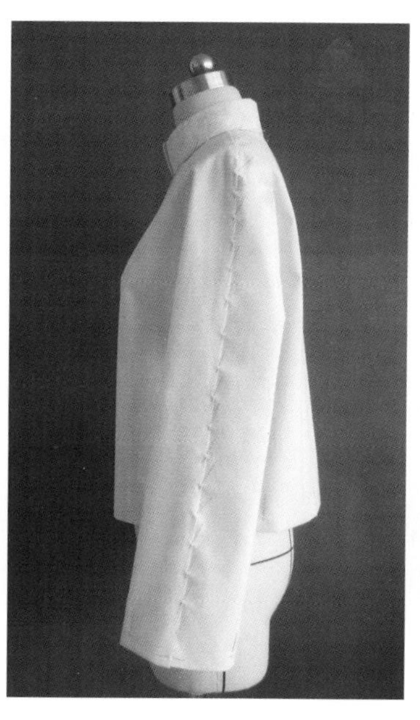

图 4-107

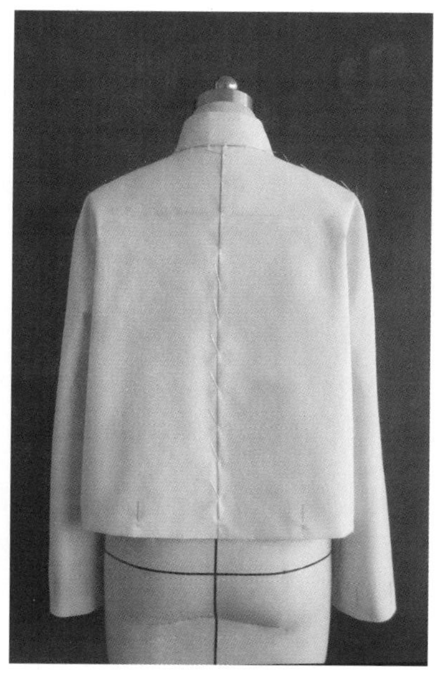

图 4-108

实训内容、技能目标及要求

1．内容：模拟某服装品牌设计风格，设计一款带有三开身结构分割、翻领女式上衣，对其进行立体操作。

2．能力目标：

（1）根据款式设计造型，对其操作步骤加以可行性分析。写出立体造型操作的最佳方案。

（2）运用省道转移方法将衣身袖窿省转移到领口。

（3）准确地把控服装造型操作中的空间量，达到完美的造型效果。

（4）完成描图、拓版全过程。

3．要求：

（1）设计并画出手稿，按既定的款式进行操作。

（2）严格地按服装立体裁剪操作步骤完成各个环节。

（3）完成工业样版的制作。

项目五 风衣、大衣立体裁剪

学习目标

了解风衣、大衣类服装的立体操作过程，掌握不同款型风衣、大衣的操作步骤和技术手法；掌握长款类女装的领型、袖型立体裁剪方法。

任务一 驳头、插肩覆片风衣

驳头、插肩覆片风衣具有军装特点，插肩袖、驳头翻折领、双排扣、斜插兜，前覆片（挡风片）为不对称设计，后中设有开衩。细节包括肩章、袖绊、腰带设计等（图 5-1）。

风衣插肩袖立体裁剪操作

图 5-1

一、坯布准备

驳头插肩风衣立裁坯布准备如图 5-2 所示。

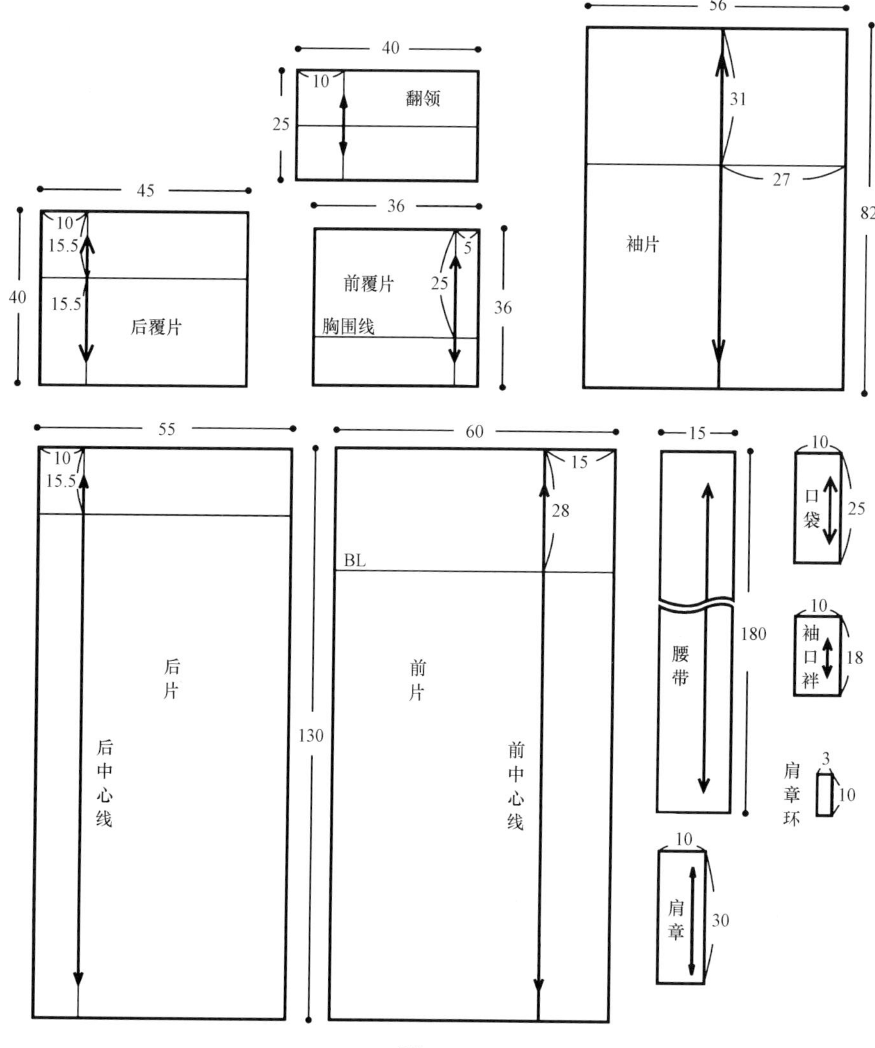

图 5-2

二、别合

（1）配合插肩袖肩部的造型，人台肩部的垫肩设计成包肩型，肩端点向外移大约 1.5 cm。

沿人台的前中心线做 1 cm 宽平行线，作为面料厚度量。贴出前门襟线、驳领的翻折线和翻领的翻折宽度，沿人台领围线贴出装领线（图 5-3）。

（2）前片的中心线及胸围线与人台的基准线对合，确认中心线垂直于地面，固定。在领口前中心打上剪口，放入一定的松量，在侧颈点暂时固定。

保持胸围线水平，整理肩部到胸部的衣片，将胸围线上方的余量转换为肩省。在胸宽处加入足够的松量（图 5-4）。

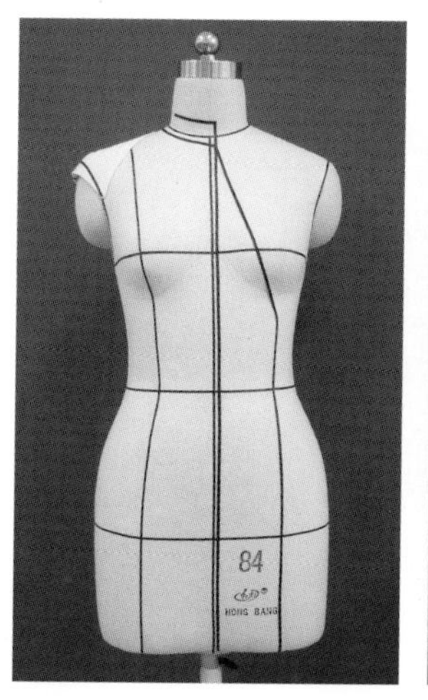

图 5-3

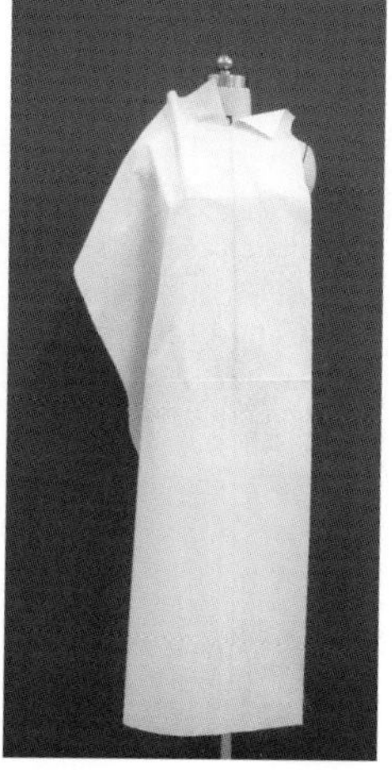

图 5-4

（3）确定肩省的位置和方向进行别合，沿装领线保留缝份将多余的布剪去，打剪口使领围贴服。整理肩部和袖窿，剪去多余的布，整理衣身，形成下摆较宽的立体型（图 5-5）。

（4）将后片的中心线和背宽线与人台的基准线对准，确认后中心线垂直于地面，固定背宽线处。在领围处放入适当的松量，剪去多余的布，打剪口整理。

在背宽处加入需要的松量，同前片，做出下摆稍宽的梯形轮廓。

背宽线以上的余量向上推至肩缝处，后肩缝线形成一定的吃量。用抓合法别合肩缝，保留缝份，剪去肩缝处和袖窿处多余的布（图 5-6）。

（5）侧面观察衣身的造型，确定后抓合侧缝线并剪去多余的布，保持侧缝线的斜线一致（图 5-7）。

（6）将侧缝、肩缝用折合法重新别合。用标示带贴出领围线、插肩袖线和肩宽线（图 5-8、图 5-9）。

（7）将前覆片放在人台上，观察整体效果，在上部放入松量。用大头针沿插肩袖分割线别合，贴出前覆片的轮廓线（图 5-10）。

（8）将后覆片中心线对准后片中心线，肩胛骨凸起产生的余量向下形成立体造型。用重叠针法别合分割线。观察整体效果，确定后覆片的长度（图 5-11）。

（9）从侧面观察前后覆片的造型，衣身与覆片在袖窿线处吻合，前后覆片侧缝部分用折合法固定。连顺其下缘线（图 5-12）。

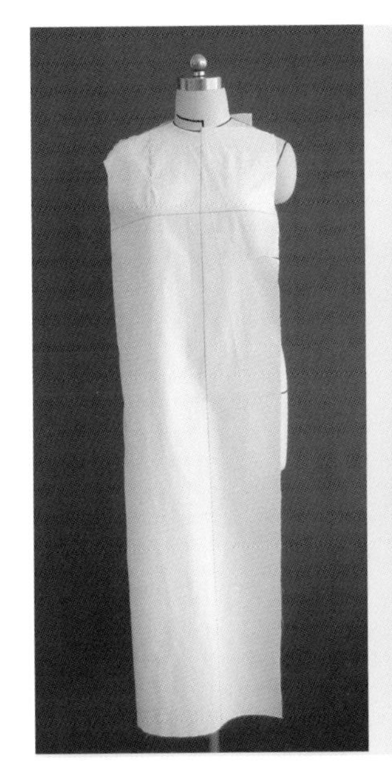

图 5-5

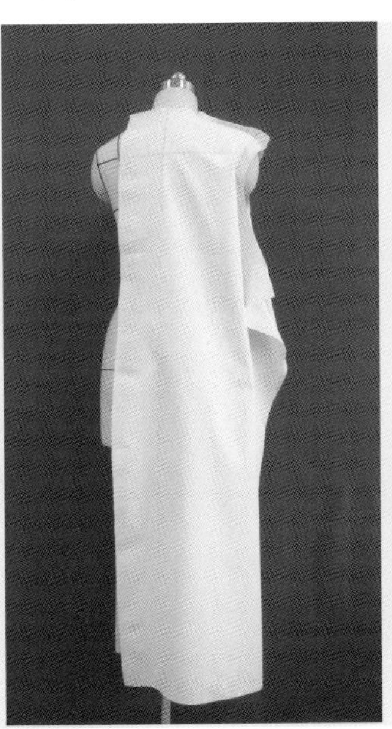

图 5-6

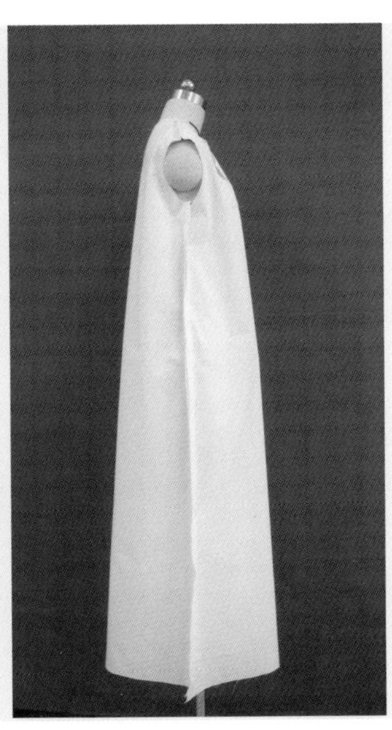

图 5-7

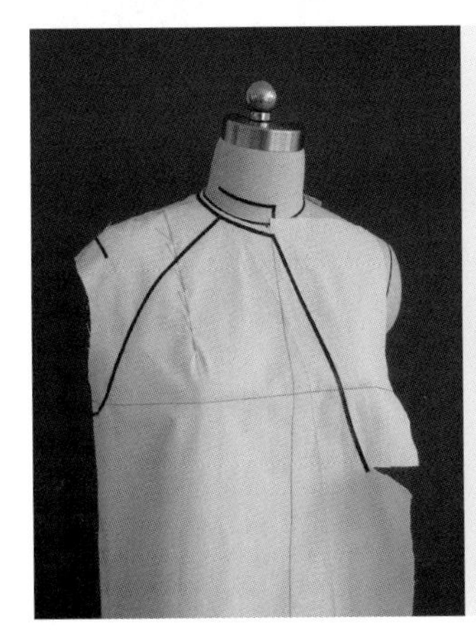

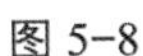

图 5-8

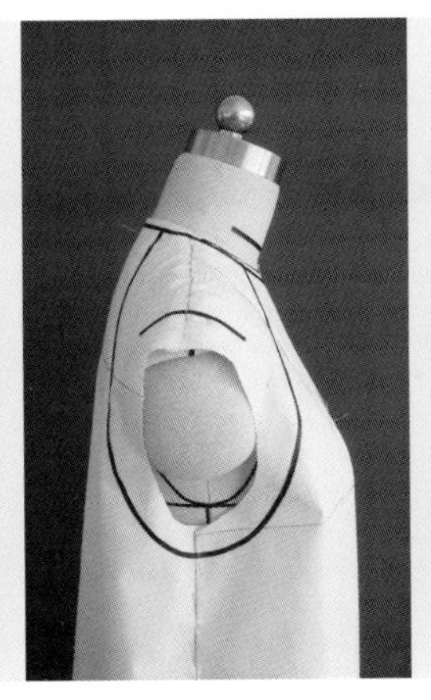

图 5-9

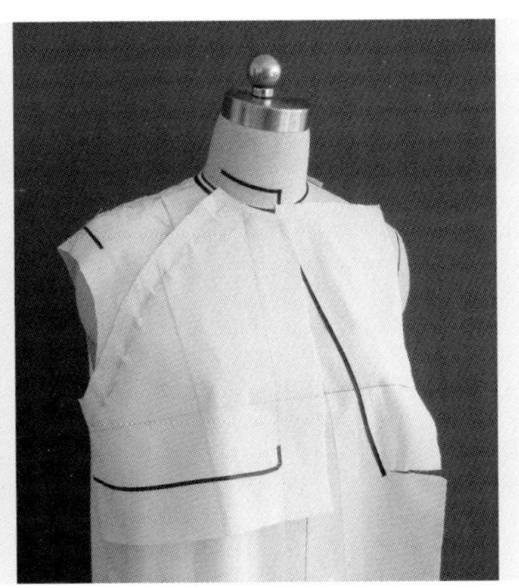

图 5-10

（10）为了便于操作袖子，在前、后覆片上再次贴出插肩袖线，装上布手臂，准备上袖（图 5-13）。

（11）让手臂抬起约 30°，略向前倾。将袖片上的横向基准线与衣身上的胸围线对准，袖中心线与手臂中心线对准，在肩端点及袖口处用大头针固定。

根据袖宽理出袖型，平行留出前后袖宽的松量（前约 1.5 cm，后约 2 cm），在前后肩处自然消失（图 5-14）。

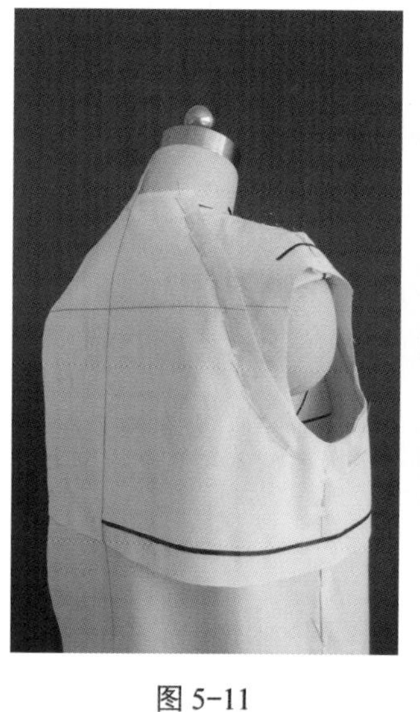

图 5-11

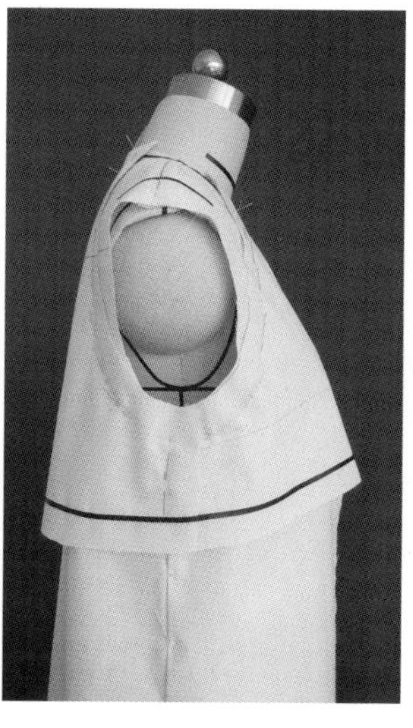

图 5-12

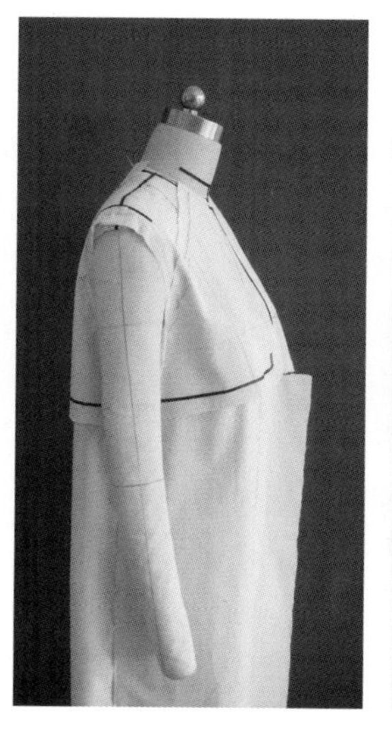

图 5-13

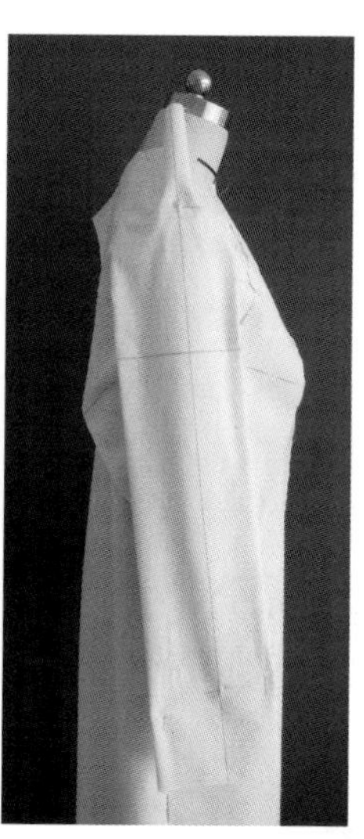

图 5-14

（12）将袖片的肩部上提，整理插肩线上部，袖片的前肩和后肩部分出现的余量作为肩缝省量收起。用重叠针法别合前、后腋点以上插肩斜线部位，注意前、后袖片臂根处的松量。整理领围，保留一定的调整量，沿已别合的插肩袖线剪开至前、后腋点附近，将余下的布片转至腋下（图 5-15 至图 5-17）。

（13）观察袖型，用抓合法别合肩部余量，前肩部收入的量较多。注意肩线的位置和方向，肩端消失要自然（图 5-18）。

（14）保持袖肥的松量，找到腋下拼合点抽出软布手臂，确定袖山弧底围、袖肥，将衣身的袖窿底与袖山弧底重合，侧缝与袖内侧缝对准，从内侧用大头针固定（图 5-19）。

（15）在驳头的翻折止点处打横剪口，从前端翻折，贴出翻折线，确定袖长和袖口宽度（图 5-20）。

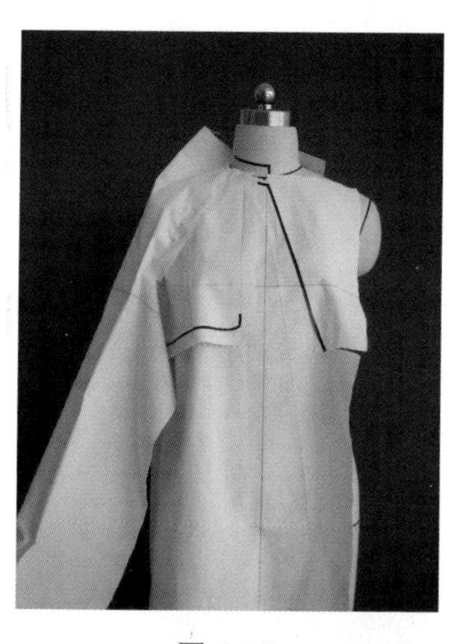

图 5-15

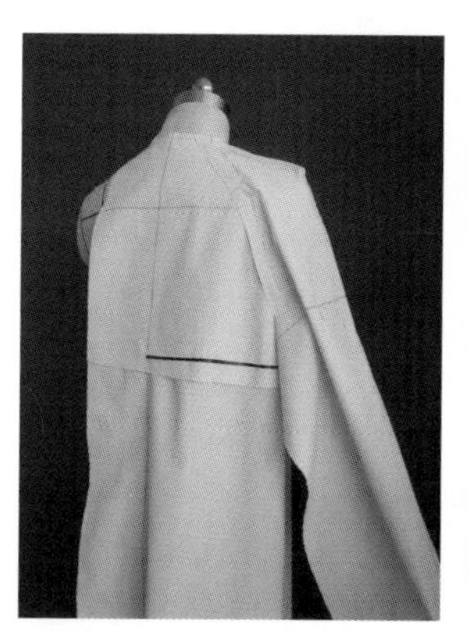

图 5-16

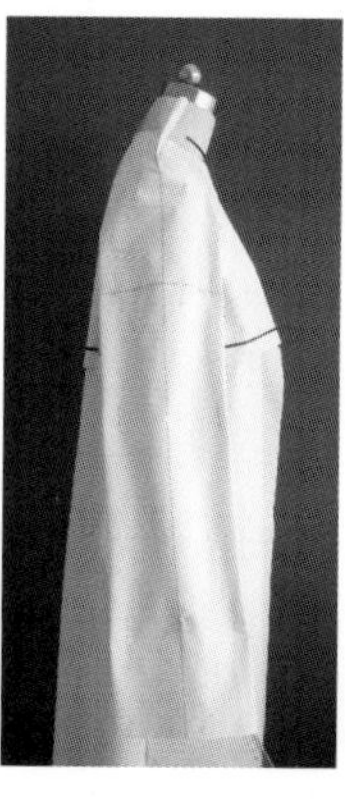

图 5-17

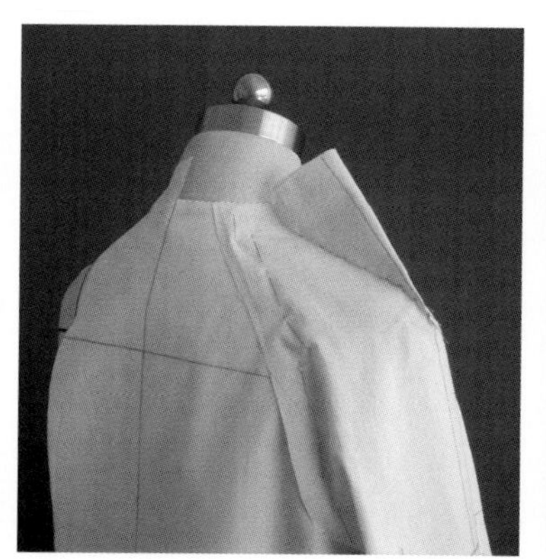

图 5-18

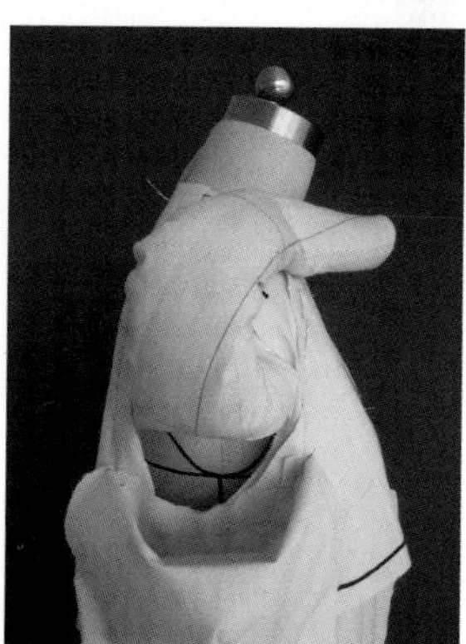

图 5-19

（16）取下袖片，修正版型，连顺袖缝线，用折合针法别好袖身并整理肩部和袖内缝（图 5-21）。

（17）将布手臂穿入袖身，使袖的肩部覆在人台肩部，肩缝线重合。固定侧颈点，观察前后袖型，用折合针法沿插肩袖分割线别合。观察前、后和侧面的袖型（图 5-22 至图 5-24）。

（18）将翻领布与衣片后中心线对齐，装领线与领线重合，水平别合约 2.5 cm。用手提拉布片，掌握与颈部的空间，将领片转向前面，一边开剪一边操作别合固定（图 5-25）。

（19）确定翻领宽，在后中心线处固定。沿颈部向前找出领的造型，在缝份处打剪口使领自然服贴（图 5-26）。

（20）观察领座和翻领的造型，翻折线是否美观，颈部与领的空间是否合理。确认后用标示带贴出翻领的造型线，沿驳领翻折线将驳领部分翻折过来，贴出驳领造型，确认领的整体效果，留 1 cm 的缝份，剪去多余的布（图 5-27）。

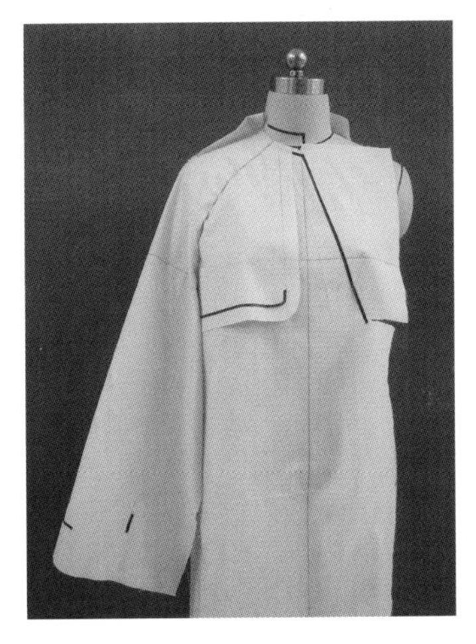
图 5-20

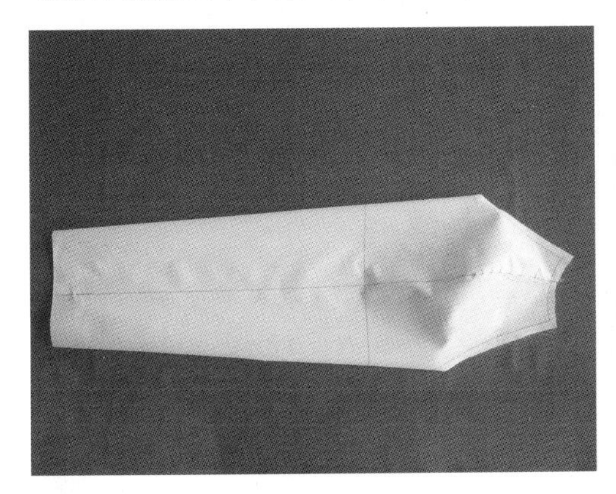
图 5-21

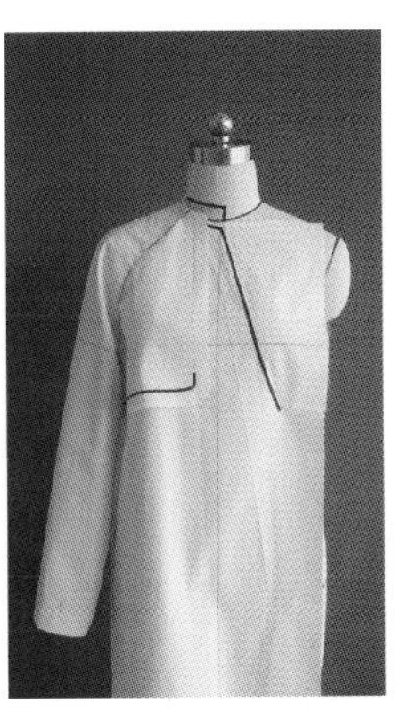
图 5-22

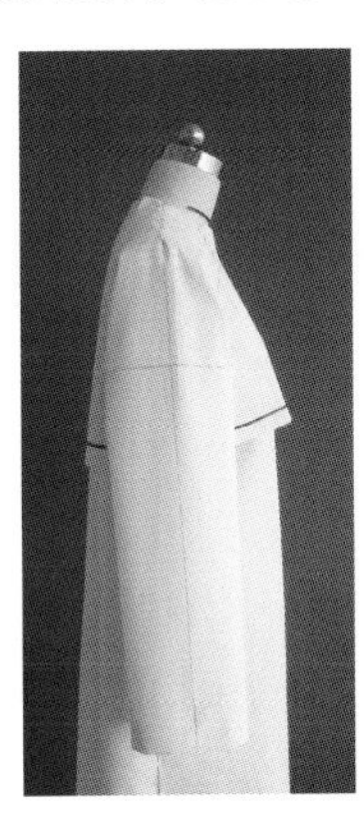
图 5-23

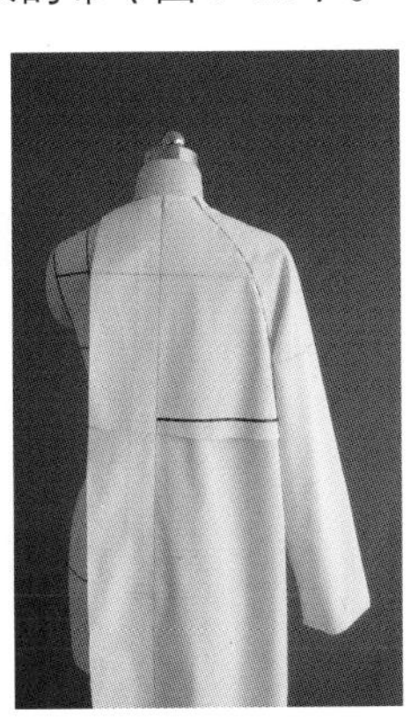
图 5-24

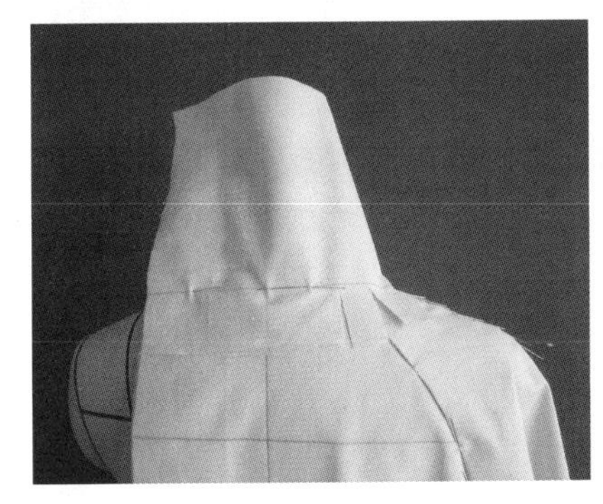
图 5-25

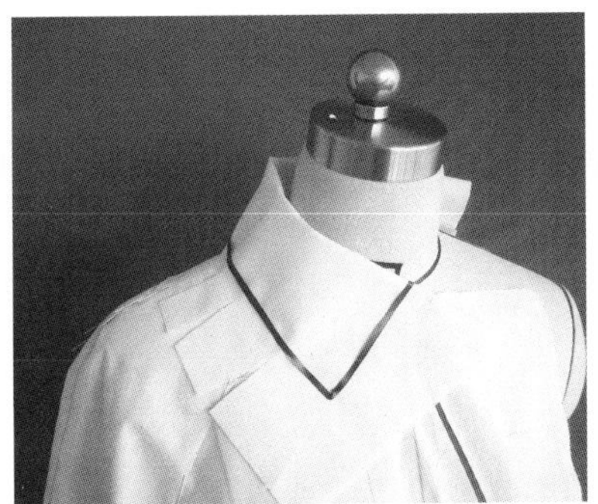
图 5-26

图 5-27

（21）将衣身取下修正版型，留出后中开衩的量，左右复片（图 5-28 至图 5-31）。

（22）衣身版型将衣片重新别合，确定扣位、兜牌的位置及倾斜角度。放上肩章和袖袢。

风衣完成效果如图 5-32 至图 5-34 所示。

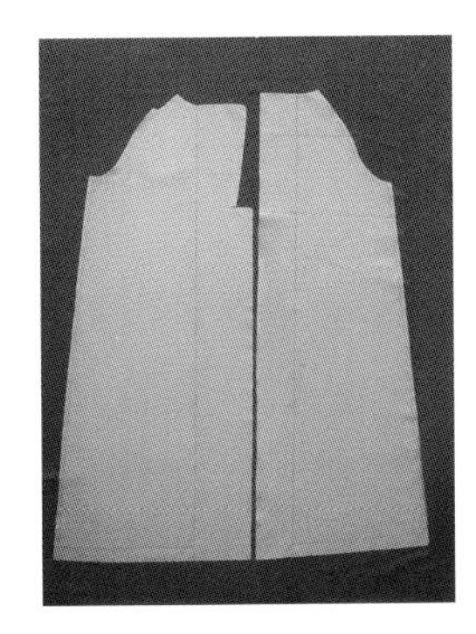
图 5-28

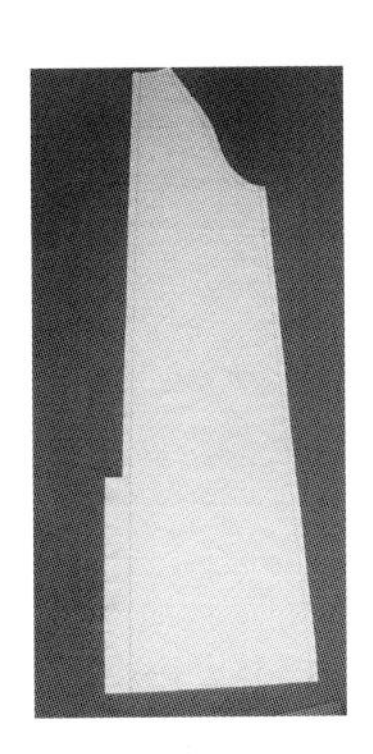
图 5-29

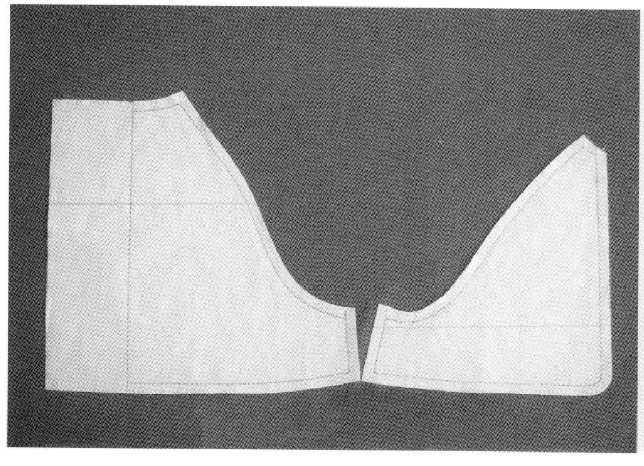

图 5-30

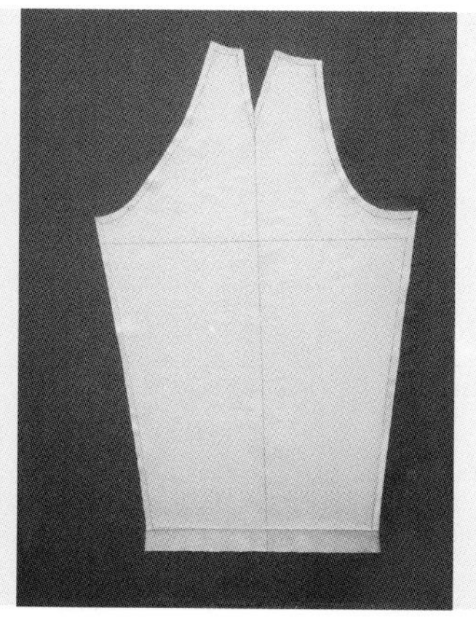

图 5-31

图 5-32

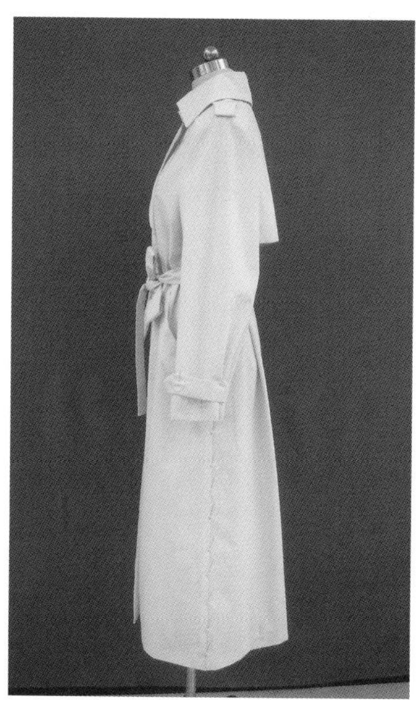

图 5-33

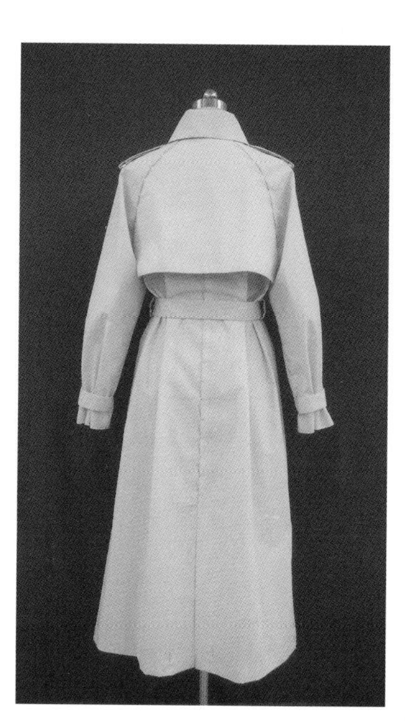

图 5-34

任务二　连领大衣

连领大衣采用一片式装袖，前后衣身设有刀背线，腰部微收，底摆摆度略宽的造型。连领呈后立前翻折造型，具有两用领功能。双排、搭合，钉缝暗扣，兜口设在前刀背线中，活动腰带作装饰。实际应用中可选用较厚重的毛尼类面料制作（图 5-35）。

图 5-35

一、坯布准备

连领大衣立体裁剪操作坯布准备如图 5-36 所示。

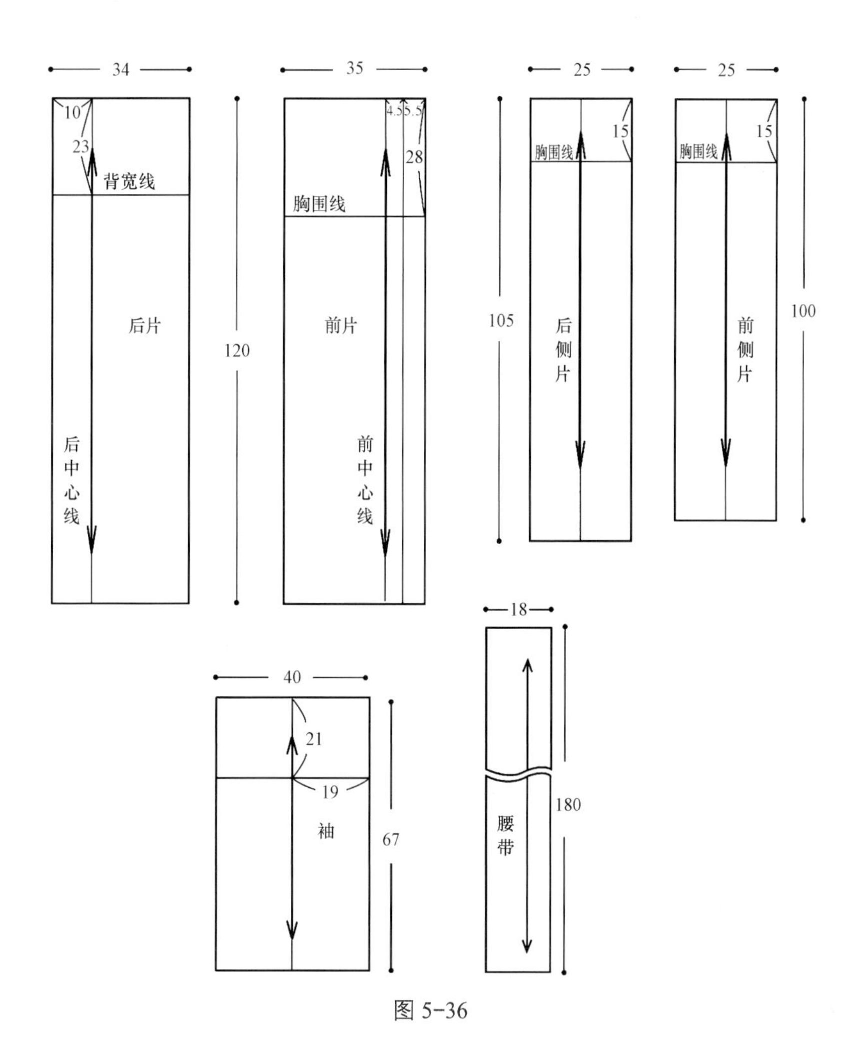

图 5-36

二、别合

（1）为了操作方便，可在肩部放上 0.8 ~ 1 cm 厚的垫肩，作为肩部的放松量。重新贴出肩线和袖窿线。

前中心线向外 0.5 ~ 0.8 cm 设定出实际面料厚度量，平行地贴出基准线，由此量取搭门宽线进行标定（图 5-37）。

（2）将前衣布片中心、胸围基础线与人台前中心线和胸围基准线对齐，在前颈点下方和胸高点处固定，保持前中心线垂直于地面。领窝处留有足够的松量，前中心线处剪开至领宽上方。

保持水平方向，在胸宽处加入一定的松量。整理出前、侧的立体型（图 5-38）。

（3）将前侧片胸围线与人台胸围线、前片胸围线对准，中心线与人台侧面基准线对齐，垂直于地面，固定胸围、臀围和腰围处，同时留出

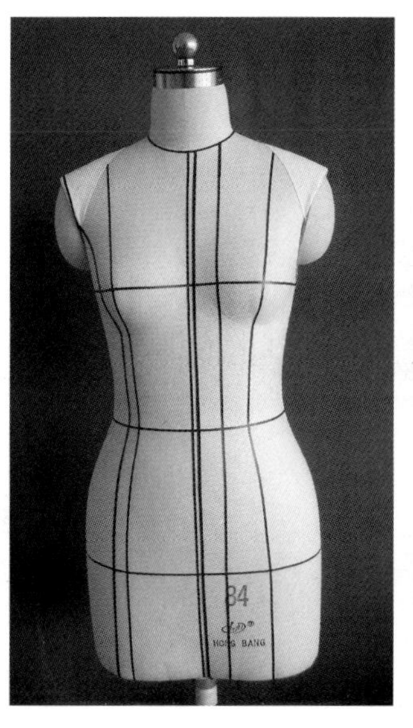

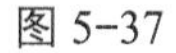
图 5-37

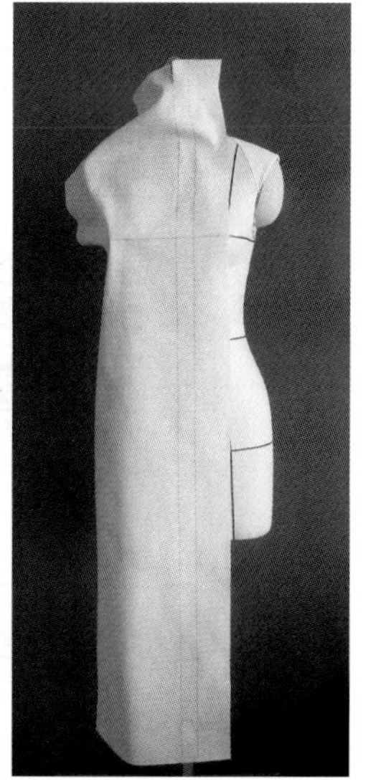

图 5-38

需要的松量。

根据人台上的基准线用标示带贴出前片刀背线，注意下摆的摆度（图 5-39）。

（4）依据前片刀背线确定前侧片的分割线，用重叠针法沿分割线别合两衣片，剪去多余的布（图 5-40）。

（5）整理袖窿和肩缝，留出一定的松量，剪去多余的布并沿侧缝粗裁（图 5-41）。

（6）对准后衣片基础线对应的人台中心线与背宽线，固定背宽处（图 5-42）。

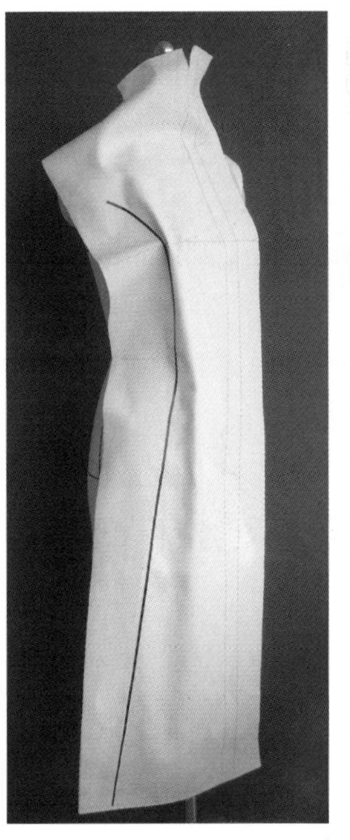

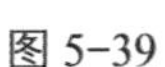

图 5-39

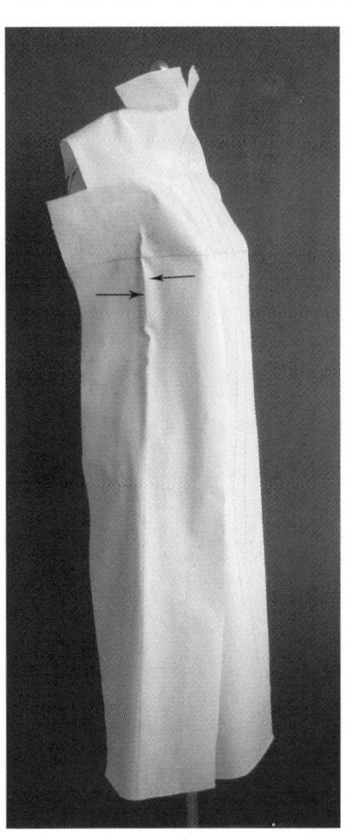

图 5-40

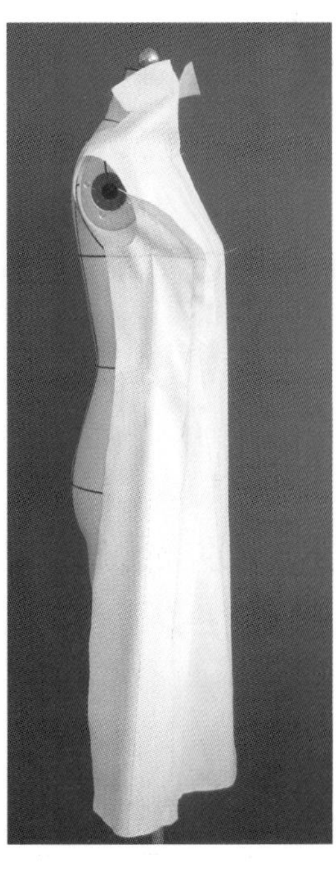

图 5-41

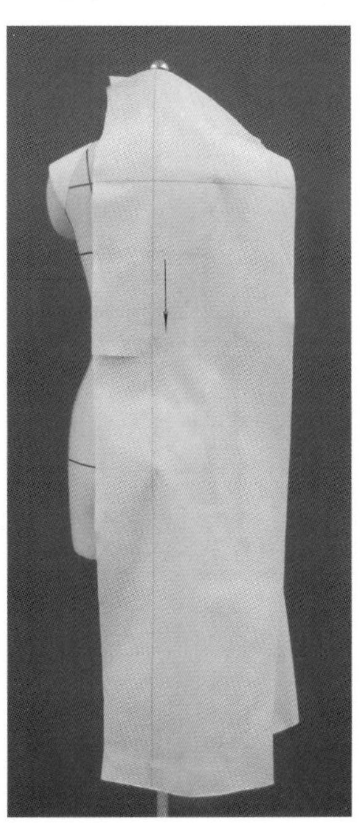

图 5-42

（7）顺着人台后背向下抚平衣片，在腰围线处打剪口以使衣片顺服。后中心线在腰围处稍有倾斜，产生的量作为后腰处的省量处理。在背宽处加入需要的松量，贴出分割线（图 5-43）。

（8）后领窝和袖窿处留适当的松量，在颈侧点处留一定空间，抓合出肩线。

剪掉多余的量，观察前后领型，进行调整，必要时在侧颈点处可打剪口。此款由于是连领，颈部和肩部的空间量较大，因此要仔细操作，保证空间的同时，确保造型的饱满圆顺，同时要兼顾分割线的位置和形态（图 5-44）。

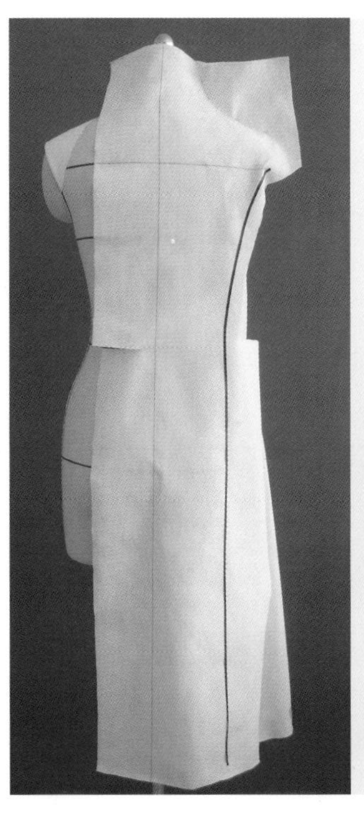

图 5-43

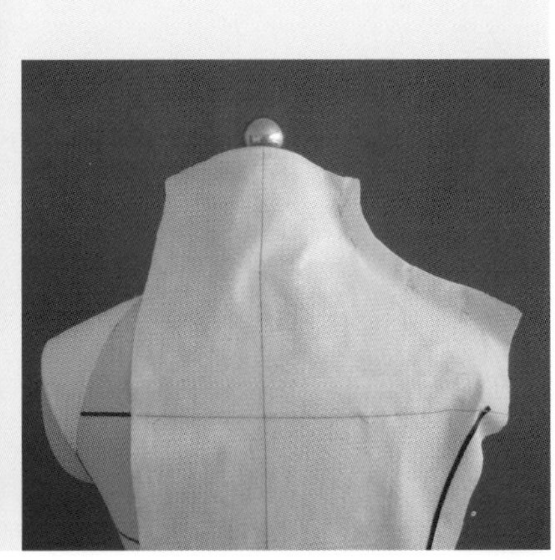

图 5-44

（9）同前侧片操作步骤相同，操作出后侧片。将后侧片与后片对合，留出松量，沿后片贴出的标示线确定分割线并别合，剪去多余的布（图 5-45）。

（10）保持前后衣身的立体造型和应有的松量，抓合侧缝，留有一定的调整量后剪去多余的布。观察整体造型，然后进行点影，取下修正版型（图 5-46）。

（11）将衣片重新别合，装上布手臂后确定并贴出袖窿线。注意大衣的袖窿底要下落（图 5-47）。

图 5-45

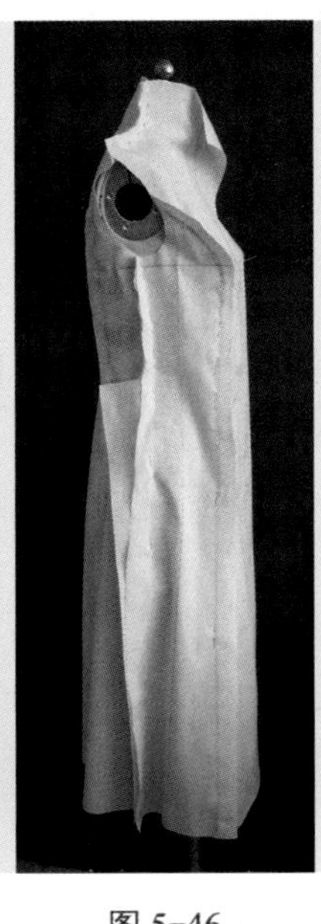

图 5-46

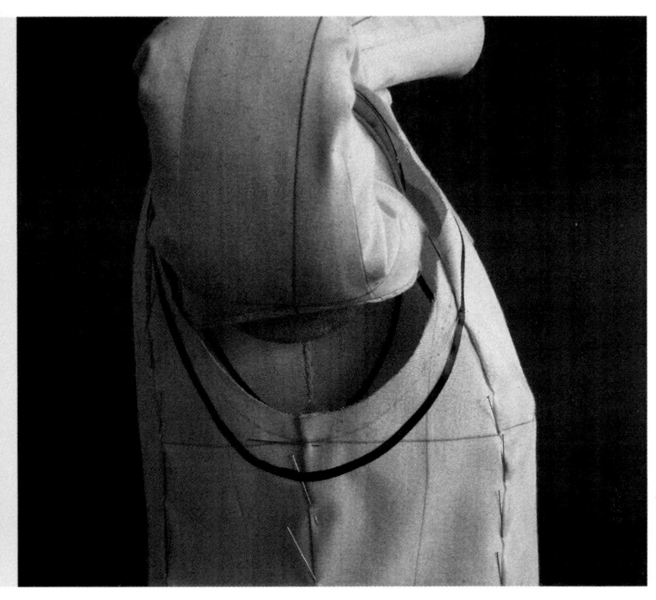

图 5-47

（12）根据袖窿线尺寸在平面上制成有纵向肘省的一片袖版（图 5-48）。

（13）将袖片用折合法别合，整理成型（图 5-49）。

（14）抬起布手臂，将袖山弧底与袖窿底位置固定（图 5-50）。

（15）将布手臂放入袖筒中，袖山高点与肩点固定，用藏针法别合袖山弧与衣身袖窿弧。观察上好的袖子造型与衣身是否协调，进行调整（图 5-51）。

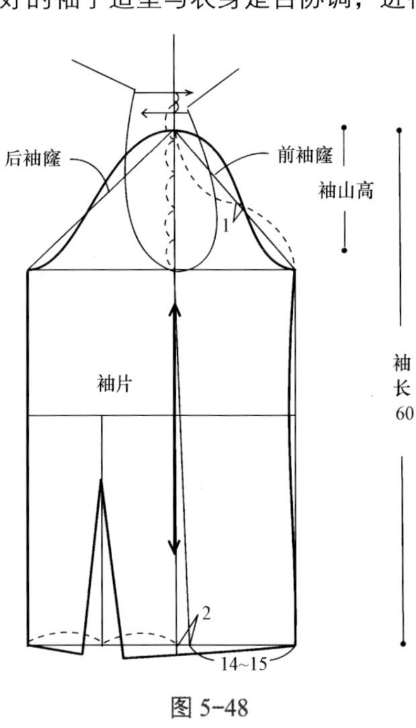

图 5-48

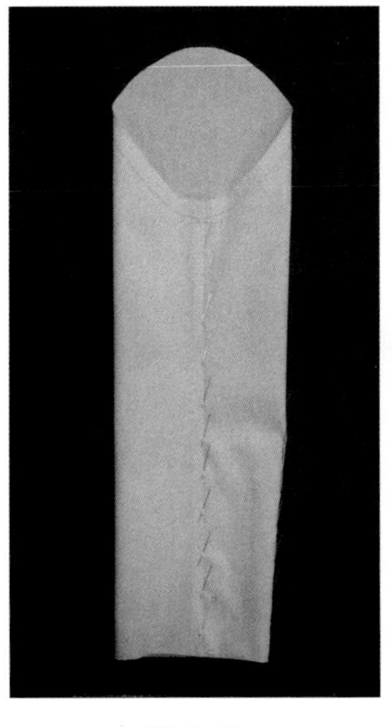

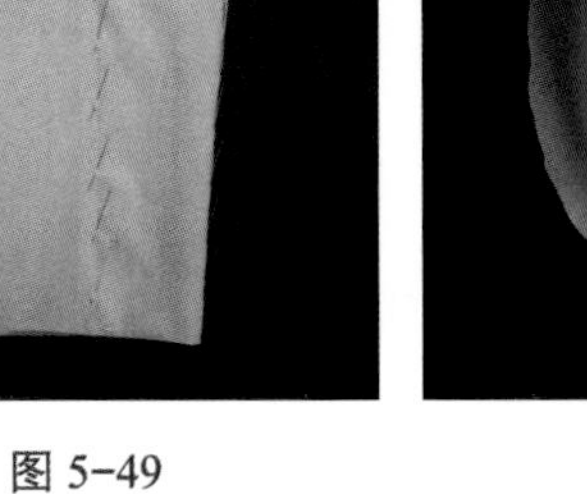

图 5-49

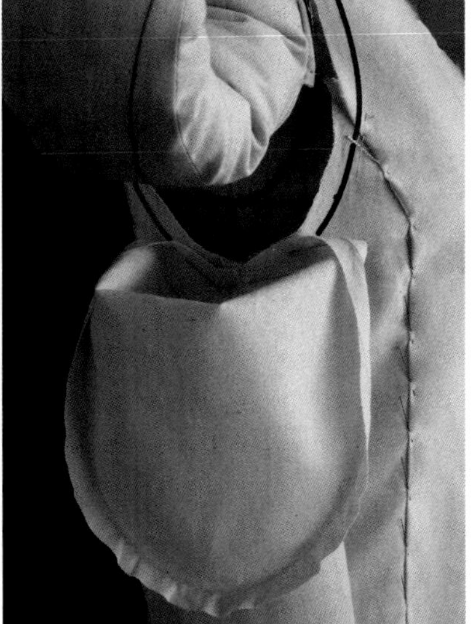

图 5-50

（16）取下衣片进行修整，复片（图 5-52、图 5-53）。

（17）大衣完成效果如图 5-54 至图 5-56 所示。

图 5-51

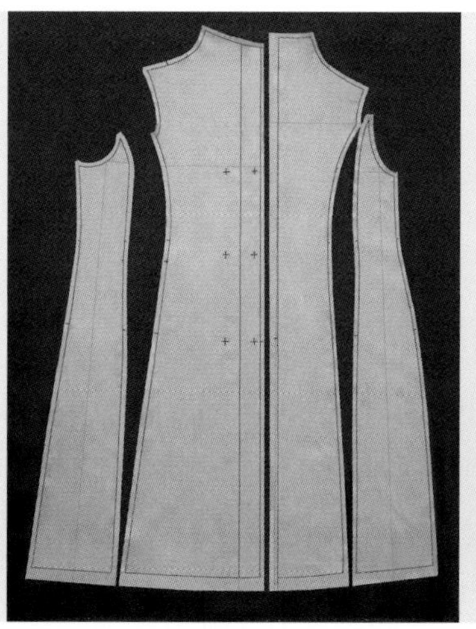

图 5-52

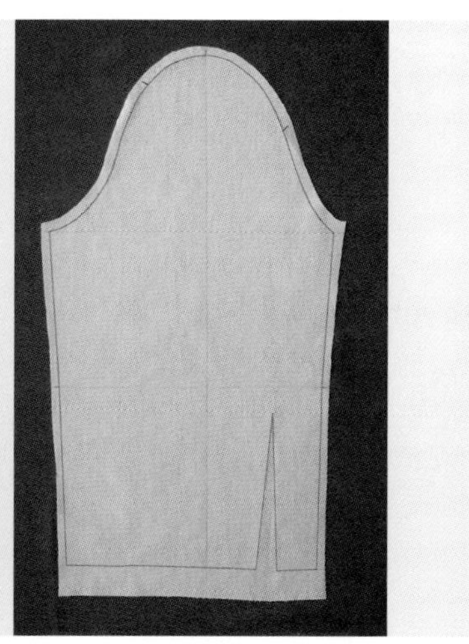

图 5-53

图 5-54

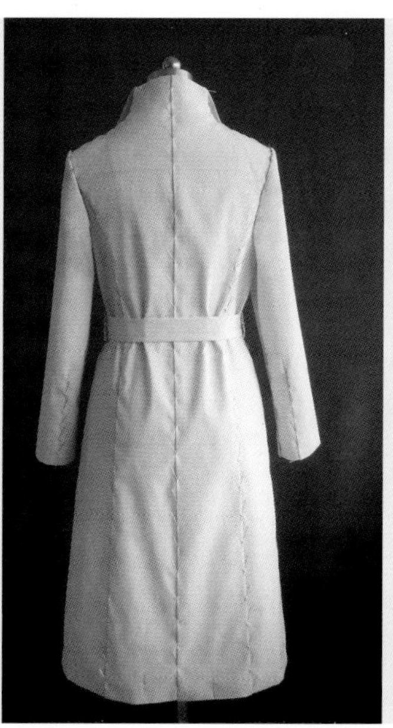

图 5-55

图 5-56

实训内容、技能目标及要求

1. 内容：以某服装品牌为目标风格，设计一款带驳头翻领、一片袖、刀背结构分割的大衣，对其进行立体操作。

2. 能力目标：

（1）根据款式设计造型，对立体裁剪操作步骤加以可行性分析，编写立体造型操作方案。

（2）运用省道转移方法将袖窿省转移到领口或肩部。

（3）驳头与领造型协调，操作规范。

（4）袖子操作步骤正确，袖山吃量适中，能够达到设计预期效果。

（5）准确地把控服装造型操作中的空间量，达到完美的造型效果。

（6）完成描图、拓版全过程。

3．要求：

（1）设计并画出手稿，按既定的设计款式进行操作。

（2）严格地按服装立体裁剪操作步骤完成各个环节。

（3）完成工业样版的制作。

项目六
项目化时装立体造型设计

学习目标

掌握不同款型时装造型操作步骤和技术手法；能准确地把握时装造型的构成形态，通过立体裁剪的操作，完成时装的结构、造型与空间形态的准确塑造，从而准确地拓展出版型。

任务一　连领、褶裥摆浪连衣裙

一、款式结构特点

上半身前片不对称褶裥设计，后片镂空分割设计，连身立领结构，一片原装袖结构，下半身褶裥摆浪裙（图 6-1）。

连领、褶裥摆浪连衣裙上身立体操作

连领、褶裥摆浪连衣裙裙子立体操作

图 6-1

二、对款式设计的理解和分析

（1）本款式立体裁剪操作将考察操作者对整体比例关系的理解，在此衣身与裙子构成两大块面的组合，形成了黄金比例分割关系，褶裥摆浪与衣身又契合了这种比例分配关系。

（2）上身腰部和肩部对应的褶裥的设计，考察了操作者对省道转移的应用能力，对褶裥量的长短、大小的分配以及方向确立能力，也将考核操作者的审美能力。

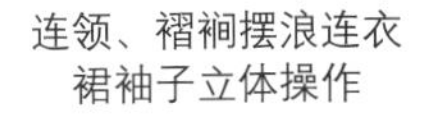

连领、褶裥摆浪连衣裙袖子立体操作

连领、褶裥摆浪连衣裙修版操作

（3）整体时装的操作可以采取由上而下，由内而外的顺序完成。

三、立体造型操作步骤设计

（1）根据款式结构在人台上粘贴结构标示线。标示要与设计意图符合（图 6-2、图 6-3）。

（2）准备好各部位的白坯布，熨烫平整，保证布丝顺直，并分别画上前中心线、后中心线、胸围线、肩胛骨标示线、腰围线等。

将白坯布前中心线、胸围线分别与人台前中心线、胸围线对齐。用大头针在前领窝、左右胸高、前腰中心处将白坯布固定在人台上（图 6-4）。

（3）保证前布片平整，沿前中心线以及前连身立领造型边打剪口边修剪领口布片，留出锁骨松量，按照连身立领肩部造型修剪肩部布片（图 6-5）。

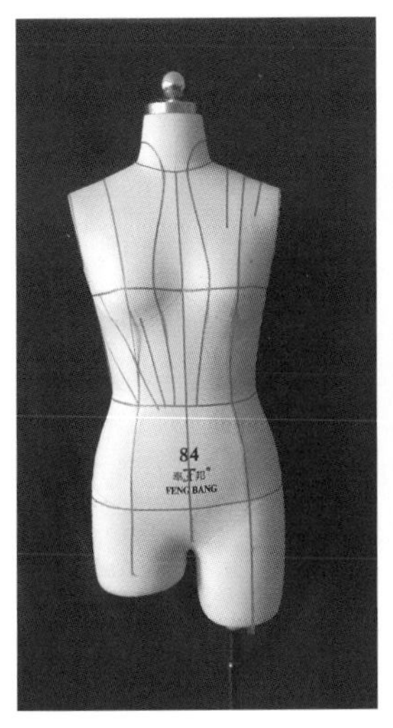

图 6-2

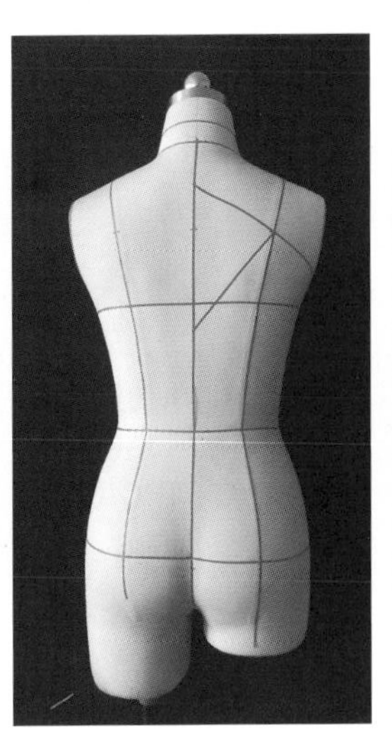

图 6-3

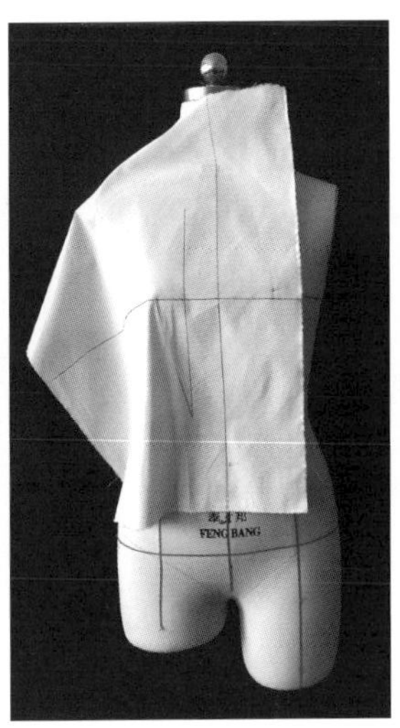

图 6-4

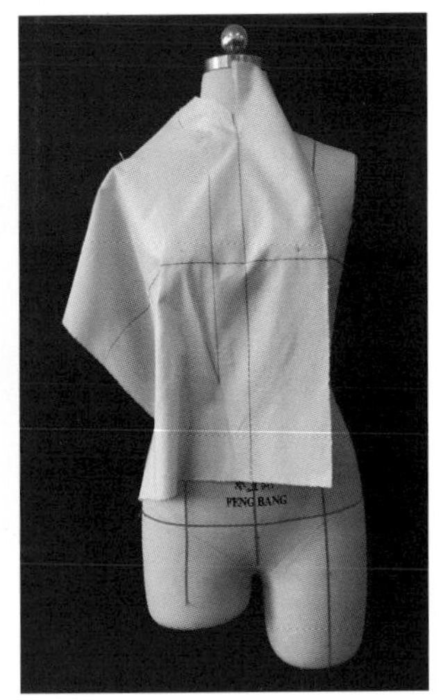

图 6-5

（4）将布片松量由前中心线向侧面推送，留出侧面转折量与胸围松量，将多余的布片推至腰围线，留出腰围松量，在腰节处做出褶裥造型（图 6-6）。

（5）修剪袖窿处弧线、侧缝线、腰围线、肩线，并将领外口线、止口线折净（图 6-7、图 6-8）。

（6）操作另一半前片。将布片前中心线、胸围线分别与人台前中心线对齐。

在腰部留出一定的松量，打剪口，多余的量推向肩部，在胸围、锁骨部分留出松量，在肩部做出褶裥造型（图 6-9）。

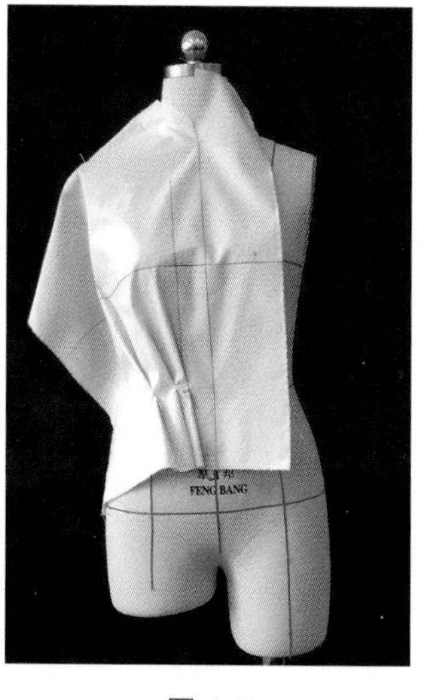

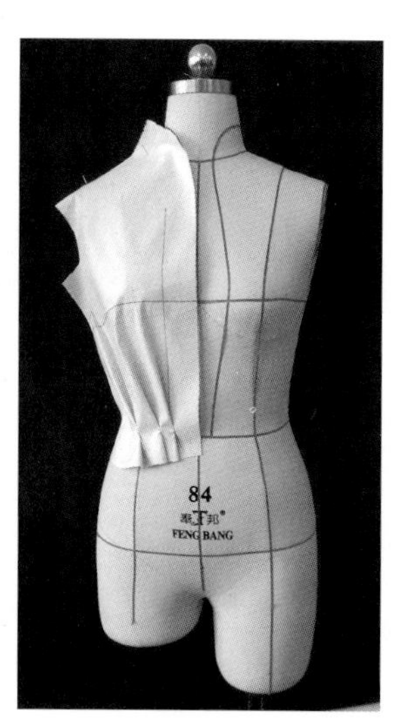

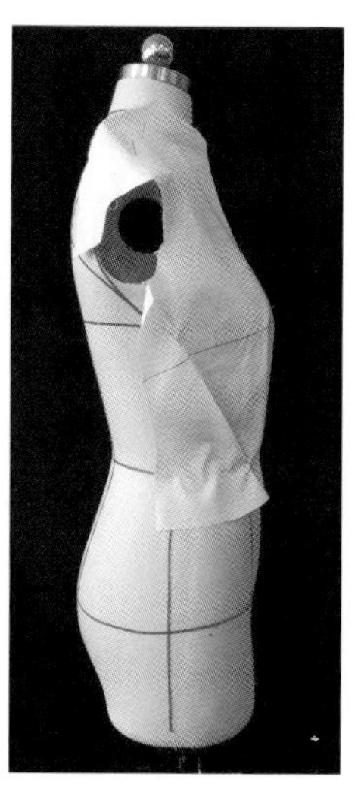

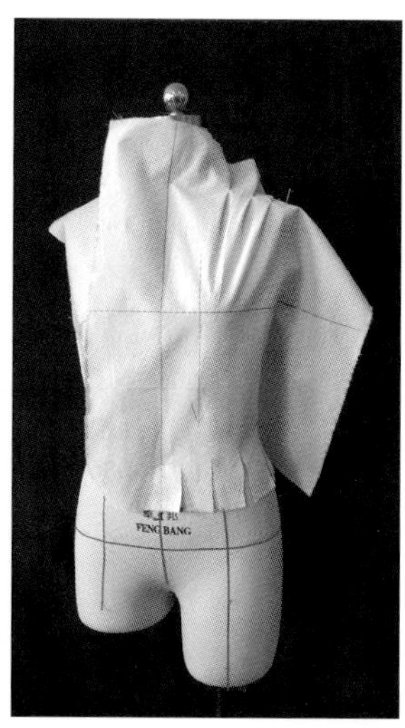

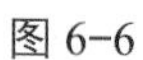

图 6-6　　图 6-7　　图 6-8　　图 6-9

（7）修剪袖窿处弧线、侧缝线、腰围线、肩线，在前连身立领造型边打剪口边修剪领口布片，并将领外口线、止口线折净（图 6-10、图 6-11）。

（8）整理后衣身上部布片，先将其白坯布后中心线、肩胛骨标示线分别与人台后中心线、肩胛骨标示线对齐，用大头针在后领深、肩胛骨处将白坯布固定在人台上（图 6-12）。

（9）保证后衣身上部布片平整，沿后中心线以及后连身立领造型边打剪口边修剪领口布片，留出肩胛骨松量及肩部吃量，按照连身立领、肩部造型修剪肩部布片（图 6-13）。

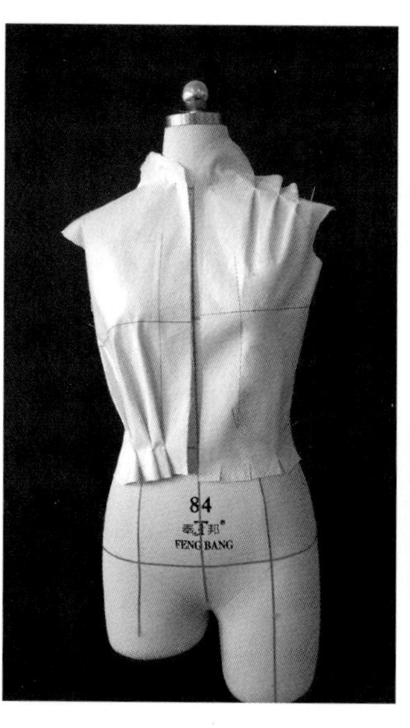

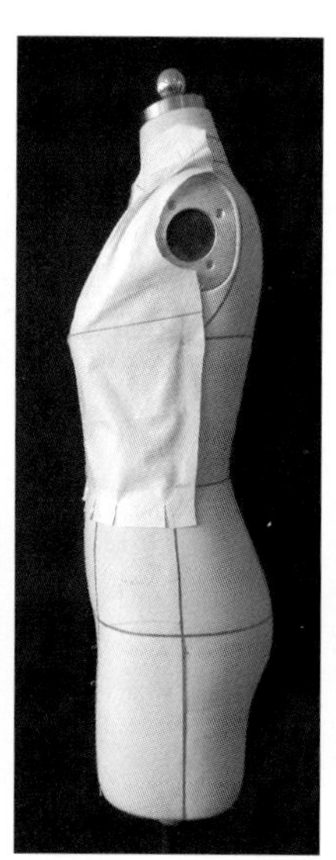

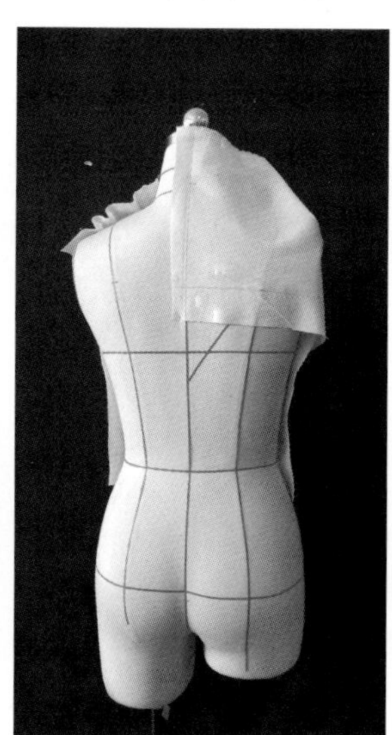

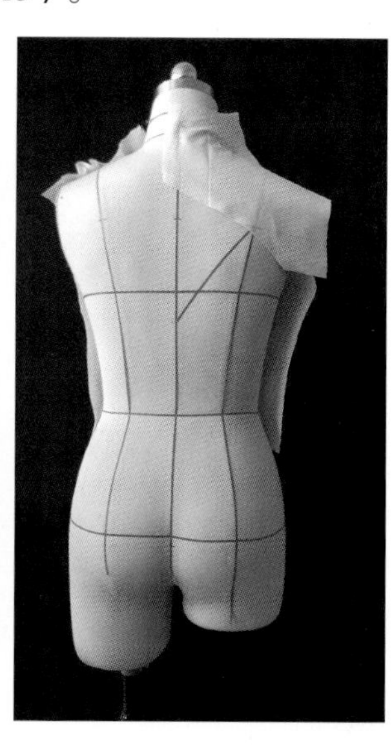

图 6-10　　图 6-11　　图 6-12　　图 6-13

（10）将后片下半部分白坯布中心线、胸围线分别与人台后中心线吻合，在腰部和胸部放有一定的松量，用大头针固定好，按背部结构线剪裁，并修剪袖窿处弧线，保留缝份，折净（图 6-14 至图 6-17）。

（11）按同样的方法操作出另一半（复制出另一半），将前后领、肩线、侧缝线进行别合（图 6-18、图 6-19）。

（12）操作下裙前片的步骤是先将下身裙装布片熨烫平整，并分别画出前、后中心线和腰围线。将裙子前中心线与人台前中心线对齐，用大头针把裙片固定在人台上。确定前中褶裥量，完成对褶裥操作并固定。

根据裙摆摆量调整腰围线弧度。边打剪口边调整腰围松量，边修剪腰围线。

确定裙摆摆量、腰围松量，腰围尺寸要与前衣片腰围尺寸相同。在腰侧缝固定裙片（图 6-20）。

（13）将裙子后中心线与人台后中心线对齐，用大头针把裙片固定在人台上。根据后片褶裥数量与位置，完成褶裥操作。与前裙片操作步骤相同，根据裙摆摆量调整腰围线弧度。边打剪口边调整腰围松量，边修剪腰围线。

确定裙摆摆量、腰围松量，在腰侧缝固定裙片。

别合前后侧缝线，再次确认腰部松量，将上衣与裙腰口别合（图 6-21）。

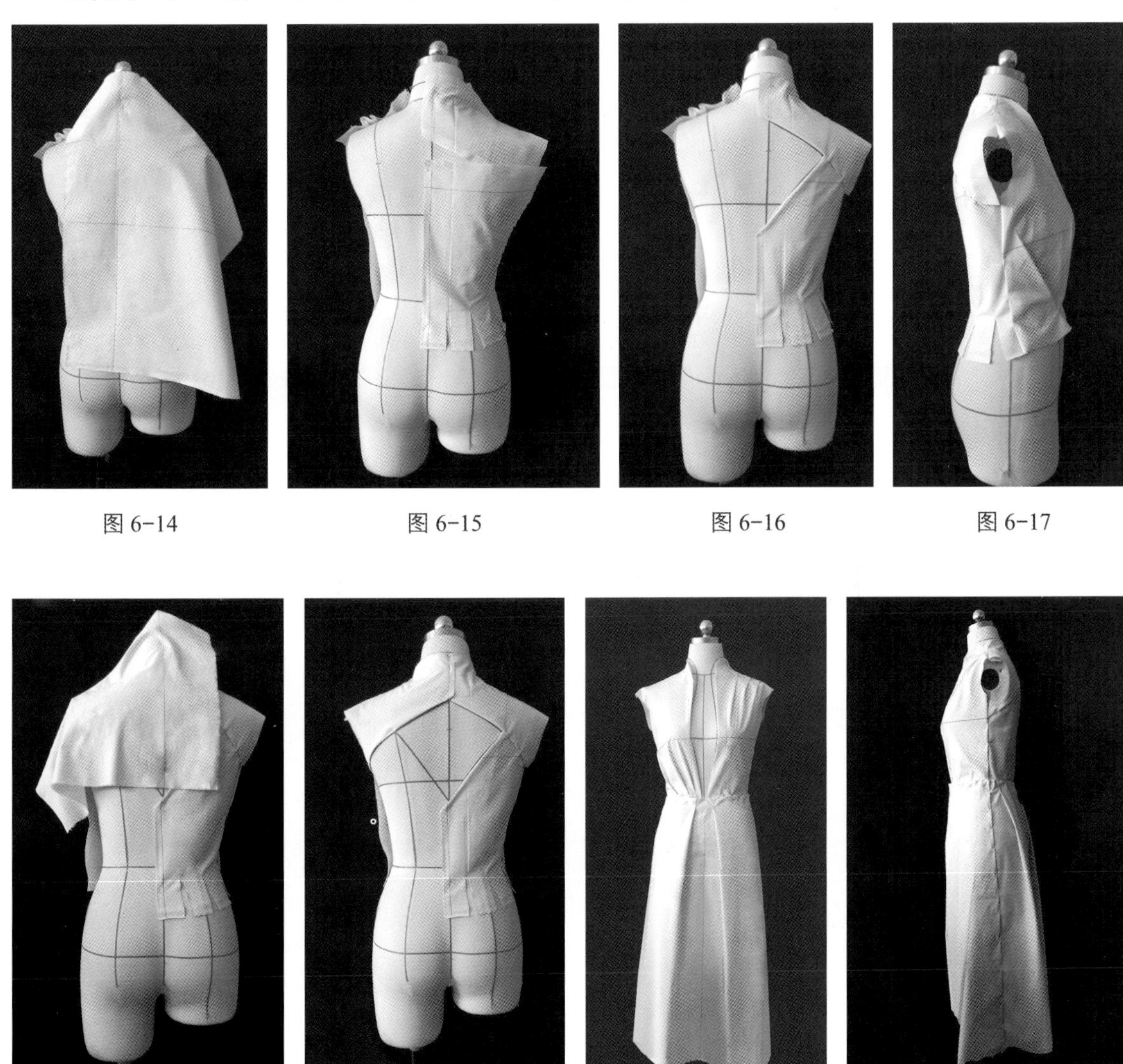

图 6-14　图 6-15　图 6-16　图 6-17

图 6-18　图 6-19　图 6-20　图 6-21

（14）用标示线粘贴衣身袖窿处弧线，并保留缝份量剪圆顺（图 6-22）。

（15）将袖布片熨烫平整，并分别画上袖中线、袖山深线、袖肘线。用平面绘制袖子的方法完成一片袖或两片袖，确定袖山吃量、袖前倾量（参照大衣一片袖制版）。将袖片样版拓在白坯布上，并将内外袖缝别合（图 6-23）。

（16）别合袖子的方法是先内后外，循序渐进，即先将袖子袖山弧的内侧缝点与衣身侧缝袖窿处深点对合，分别别合至前、后腋点位置（图 6-24）。

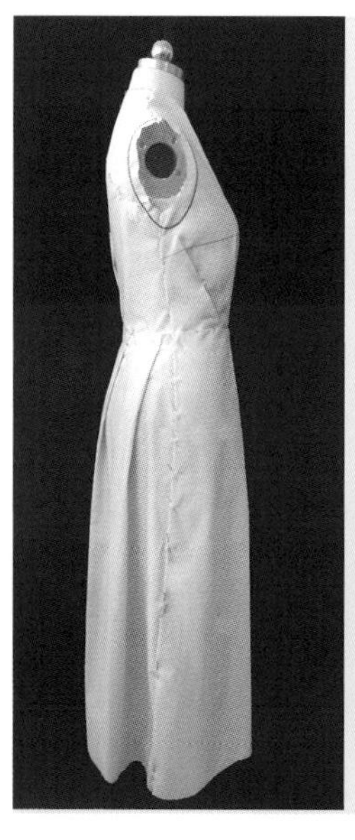

图 6-22

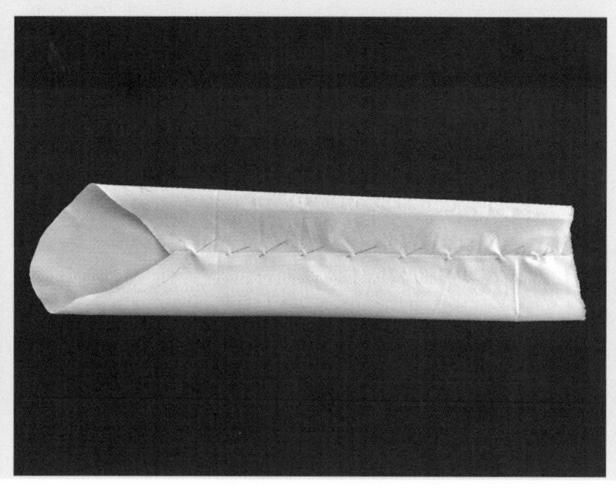

图 6-23

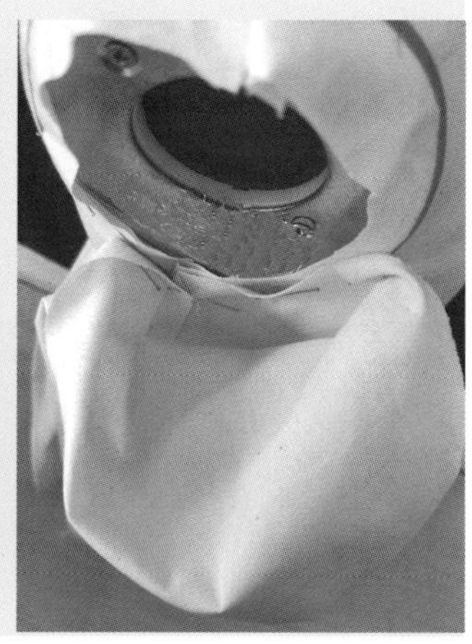

图 6-24

（17）别合外袖山线，先将袖山点与肩点固定，用藏针法沿着袖窿处弧线将前、后袖子别合连接完成，注意袖山的吃量和圆顺度，并用大头针固定袖折边（图 6-25、图 6-26）。

（18）用标示线确定摆浪的长短和走势，剪掉多余的布片（图 6-27）。

（19）根据款式造型完成裙上片摆浪操作。确保裙上片腰围尺寸与裙下片腰围尺寸一致。用大头针在侧缝线固定（图 6-28）。

（20）根据款式确定摆浪的长度和走势，用标示带贴出，观察其造型是否与设计相一致，然后将多余的布剪掉（图 6-29、图 6-30）。

（21）对称地复制出另一侧的袖子和摆浪。再次调整服装的整体效果，并确认结构、造型、松量、针法等，如有问题再次修改。将裙子底摆折边，完成最后整体的时装造型（图 6-31、图 6-32）。

（22）将别合好的时装各个部位画点影，拉链设在后背，注意缝份量加大。同时拓出净版和毛版，完成工业样版（参照项目五拓版操作）。

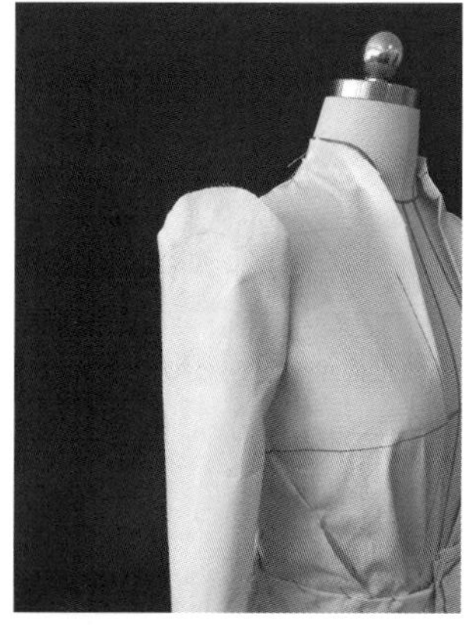

图 6-25

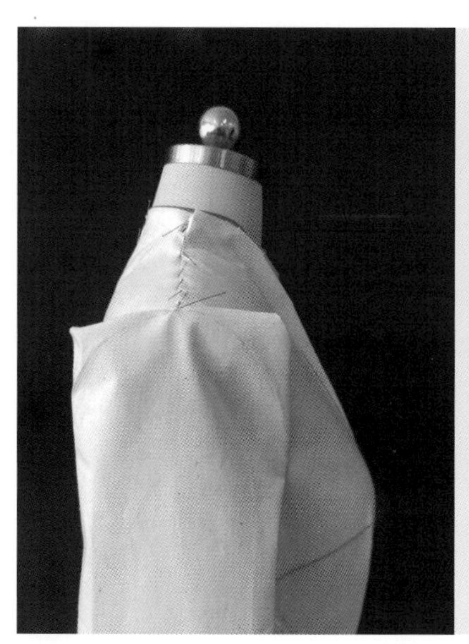

图 6-26

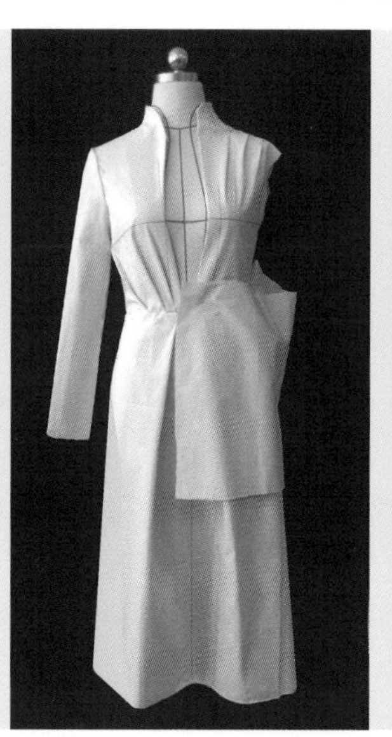

图 6-27

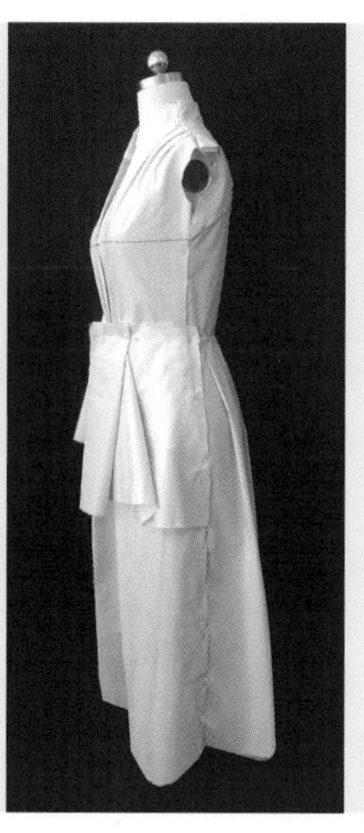

图 6-28

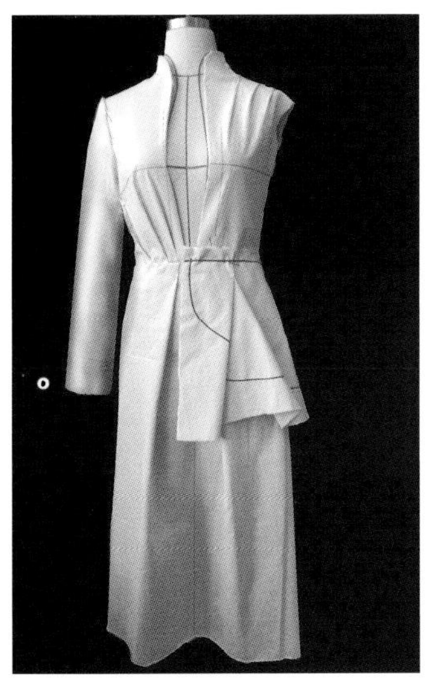
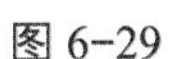

图 6-29

图 6-30

图 6-31

图 6-32

任务二 连衣裤立体造型设计

一、款式结构特点

上衣和下裤相连，上胸设计交错褶裥，并在腰下延伸荡巾，连衣落肩大袖，背部大开合。直筒式下裤，中设计长裥。强调腰臀部的合体曲线，侧拉链开合（图 6-33）。

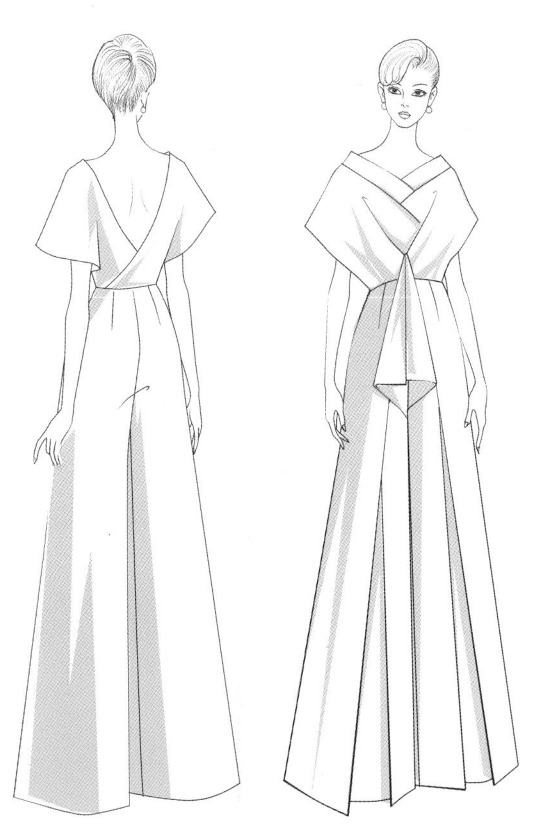

图 6-33

二、对设计的理解和分析

（1）对此款操作，首先要确立整体比例。衣身和裤子构成应以黄金比例为参考比值，中腰部的垂荡巾与衣身和裤子统一在近似的比例关系中。

（2）前片交错的褶裥的设计，是本款的难点。通过这种褶裥叠交完成了省道转移，其剪开的位置点决定了工艺缝制是否可行。对交叠的褶裥位置、方向和比例分配及前片的放松量的把控，既要遵循设计的要求，又要注重造型的形式美法则。

（3）裤子的裆弯转折点及弯线剪裁设计，要考虑人运动时的可穿着性。

（4）整体立体操作设计，可以采取先上后下的步骤完成。

三、立体造型操作设计

（1）在人台上将服装款式中主要的造型线、结构线标示出来（图 6–34）。

（2）将上身坯布熨烫平整，并画出前中心线。

（3）上衣前片操作，先将坯布前中心线与人台上的对应线对合，由上而下地进行操作。根据服装造型要求剪出 V 领线，铺平肩部（图 6–35）。

（4）根据左边造型折叠出第一道褶裥量，同时沿着右边第二道褶裥的叠压线剪开至第三道褶裥的叠压线处，用大头针别合（图 6–36）。

（5）操作第二道褶裥压于第一道褶裥之上，沿着第三道褶裥的叠压线剪开至第四道褶裥的叠压线处（图 6–37）。

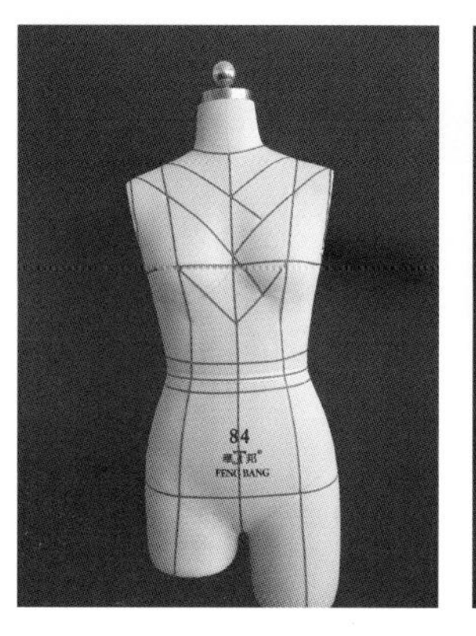

图 6–34

图 6–35

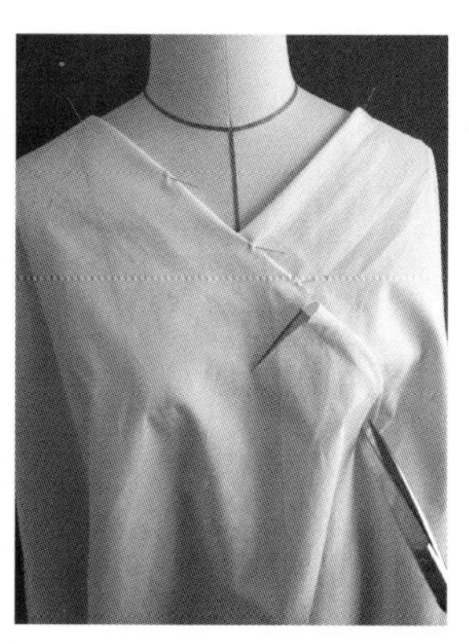

图 6–36

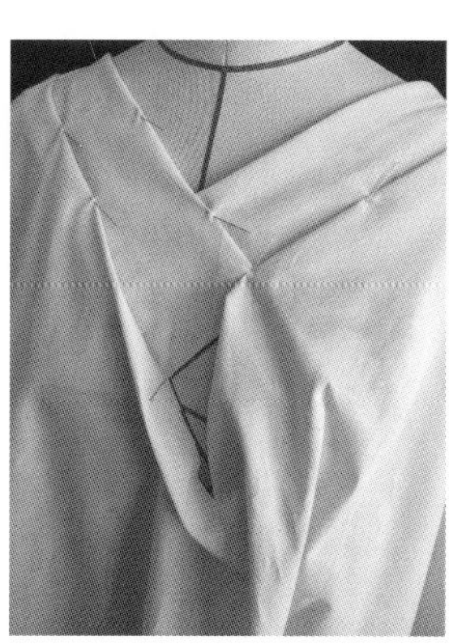

图 6–37

（6）操作第三道褶裥压于第二道褶之上，褶裥量延至侧缝线，在第四道褶裥的叠压线剪开至第五道褶裥的叠压线处，用大头针别合（图 6–38）。

（7）将余量集中到前中腰节处，做出款式需要的荡巾造型，并将内部多余的量剪掉（图 6–39、图 6–40）。

（8）做连肩袖子的标示带，标出袖子的宽度和长度，并将多余的布剪掉（图 6–41 至图 6–43）。

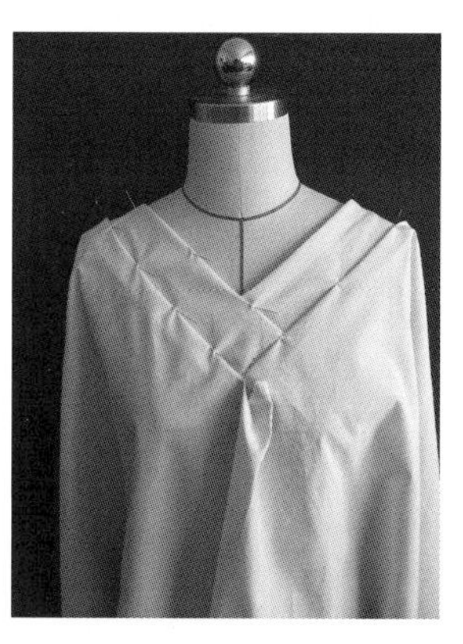

图 6–38

图 6–39

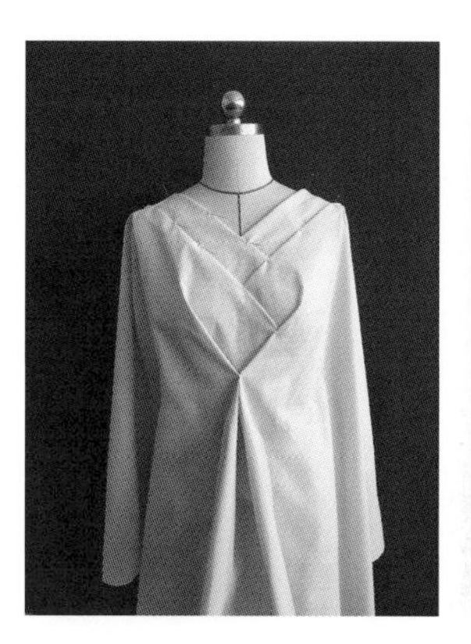

图 6–40

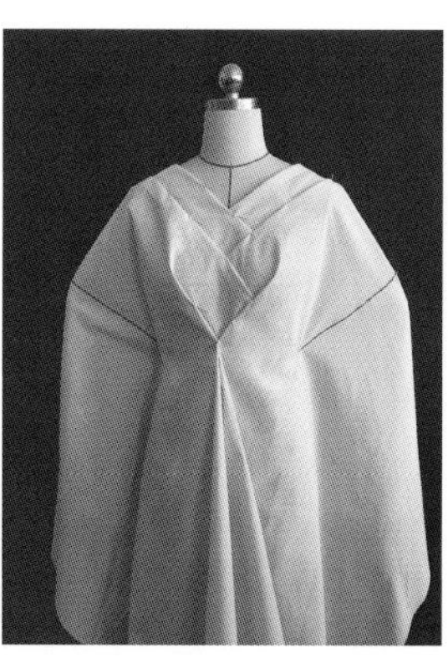

图 6–41

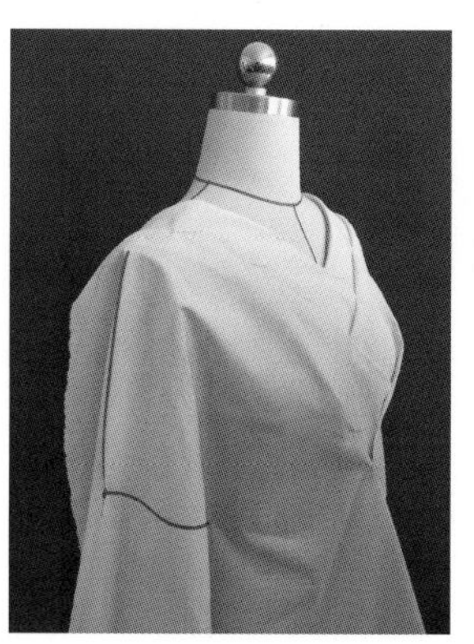

图 6–42

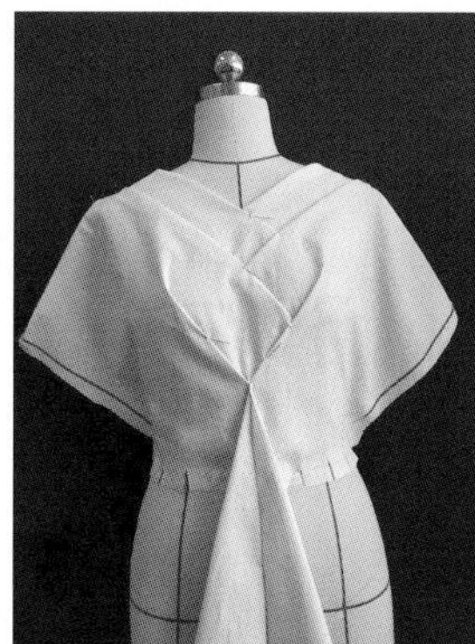

图 6–43

（9）将熨烫平整的后布片平铺在人台上，先操作右边，沿着中心线垂直纱向在人台上平铺，按标示带所标注的位置，留缝份 1.5 cm 剪掉余量，折进，根据腰部款式要求留出荡量（图 6-44、图 6-45）。

（10）沿着前片肩斜线和袖长，确定后片的袖长和侧缝线，分别将前后肩线和侧缝线进行别合（注意拉链在右侧缝处，保留 1.5 cm 缝份）。用同样方法操作左边造型，腰口保留 1 cm 缝份（图 6-46、图 6-47）。

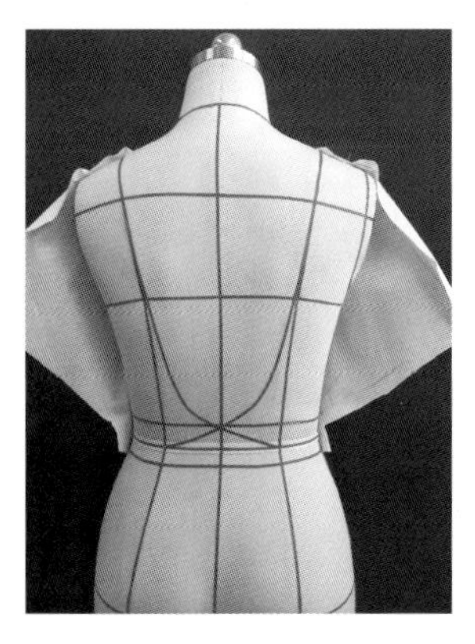
图 6-44

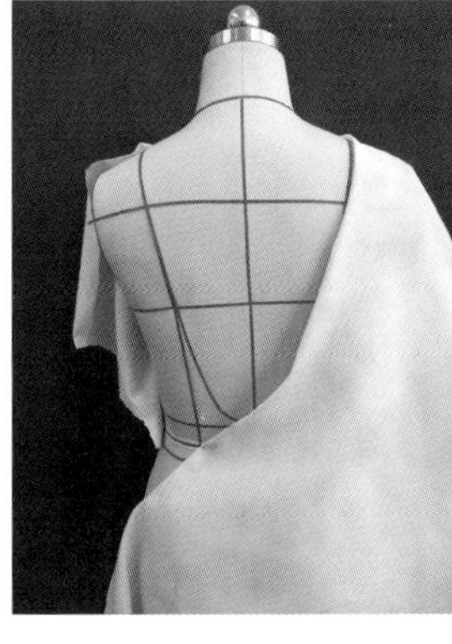
图 6-45

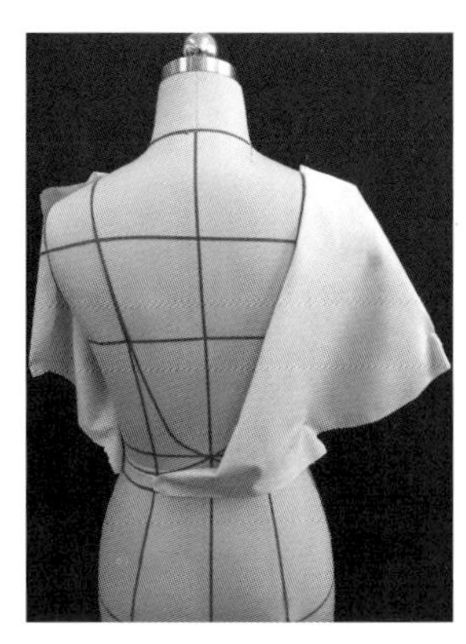
图 6-46

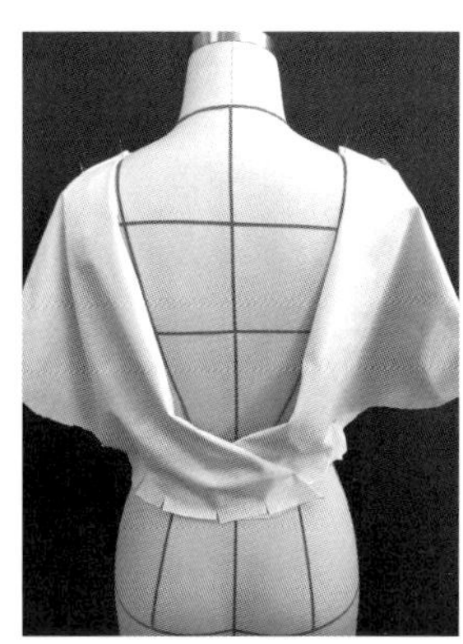
图 6-47

（11）将熨烫平整的前裤布片平铺在人台上，在前中用标示带标出位置，保持纱向垂直，先操作右边褶裥，自腰口到脚口处褶量逐渐变小，裤管呈直筒状（图 6-48）。

（12）在底裆转折处开剪至前中线，沿前裆弯线保留 1.5 ~ 2.5 cm 的空间量，留缝份 1.5 cm 剪掉余量，并用标示线贴出前内侧缝线和前外侧缝线（图 6-49 至图 6-51）。

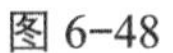
图 6-48

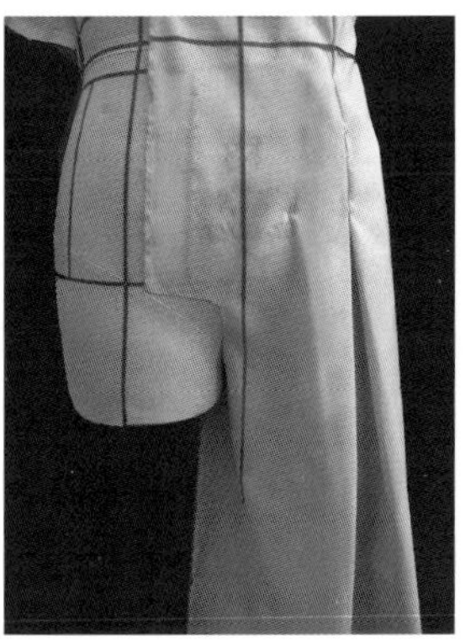
图 6-49

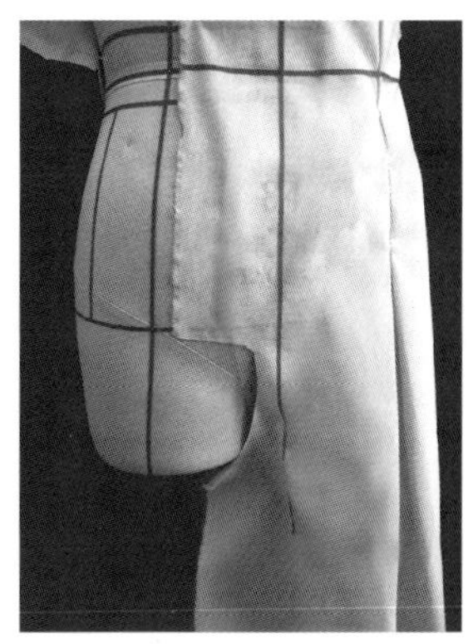
图 6-50

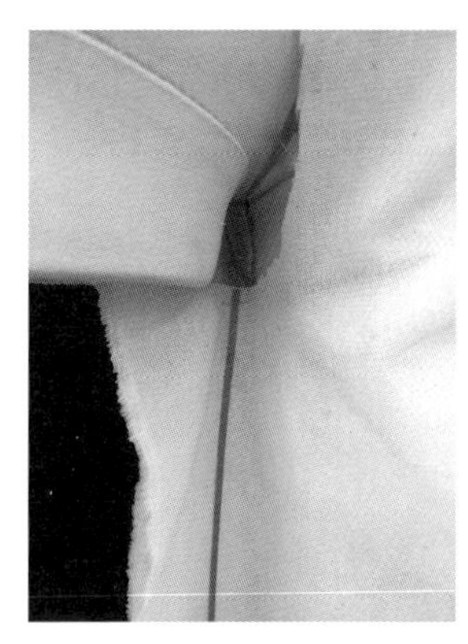
图 6-51

（13）后片的操作步骤与前片一致，先将熨烫平整的后裤布片在人台上平铺，在后中标示带标出位置，保持纱向垂直。将侧缝在臀围加 1 cm 的松量向上铺平，设定裤腰省量进行别合，保持裤腰线尺寸与上衣相同量（图 6-52）。

（14）在底裆转折处开剪至前中线，沿前裆弯线保留 1.5 ~ 2.5 cm 的空间量，留缝份 1.5 cm 剪掉余量，裤管呈直筒状，用标示线贴出前内侧缝线和前外侧缝线（图 6-53）。

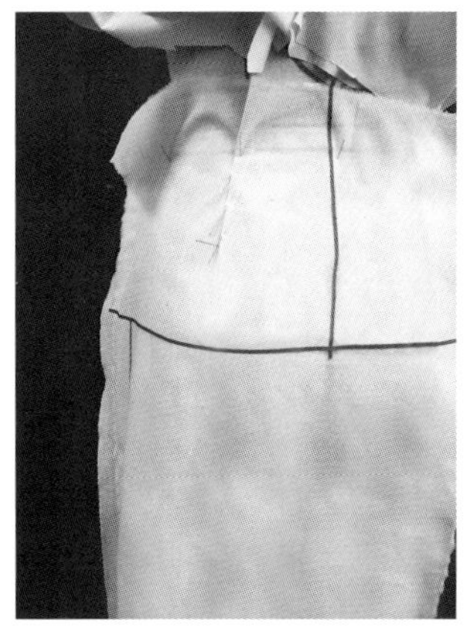
图 6-52

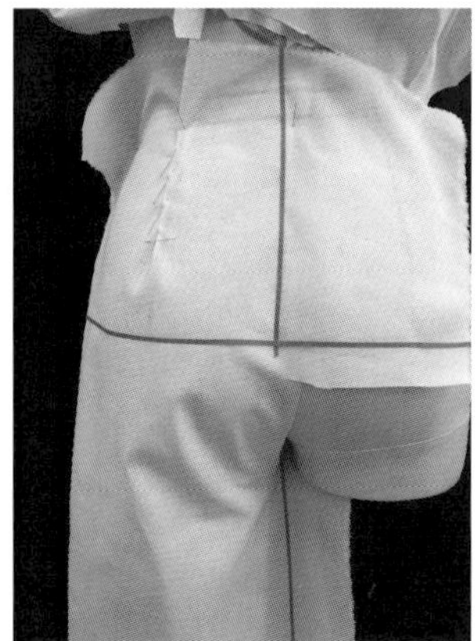
图 6-53

（15）将前内侧缝线和前外侧缝线进行抓合，别合后观察造型是否达到预期效果，修整之后进行折叠别合，同时在右侧拉链处做标记（图 6-54）。

（16）将上下腰线进行别合，整理和修整整体造型（图 6-55、图 6-56）。

图 6-54

图 6-55

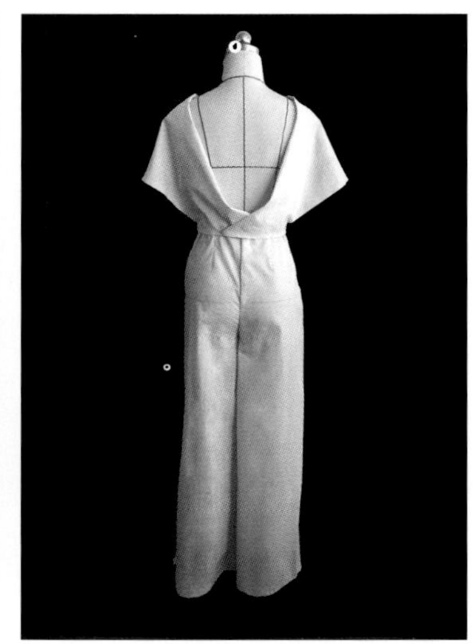

图 6-56

实训内容、技能目标及要求

1. 内容：参照全国服装立体裁剪职业大赛给定的时装款式，完成立体造型操作设计。

2. 能力目标：

（1）对给定的款式造型加以理解与分析，写出立体造型操作的最佳方案。

（2）把控结构分割与省道转移造型操作。

（3）袖子立体裁剪步骤正确，袖山吃量适中，能够达到设计预期效果。

（4）准确地把控时装造型与形态、空间与放松量的关系，通过操作达到与给定的设计款式基本一致的效果。

（5）完成描图、拓版全过程。

3. 要求：

（1）按既定的款式进行操作。

（2）严格地按服装立体裁剪操作步骤完成各个环节。

（3）完成工业样版的制作。

项目七 综合立体裁剪实训

学习目标

掌握服装立体构成的设计方法和技巧，准确地用立体裁剪的手段对所模仿的服装造型进行立体复原，提高设计构思和独立创作的能力。

任务一 立体裁剪设计技法

一、形态构成

服装的构成离不开点、线、面、体等基本造型要素，服装设计师借助于材料、工艺等因素按照视觉、美学、力学的规律，将这些要素进行空间、分割与组合等变化，应用于服装设计的创作中，极大地拓展了设计造型的表现空间。

（一）平面的肌理构成

服装设计是通过材料来塑造的。服装材料的形态美感主要体现在材料的肌理上，肌理的视觉效果不仅能丰富材料的形态表情，而且具有动态的、创造性的表现主义的审美特点。可以说服装的造型设计是对材料的造型，设计师如果不能很好地驾驭材料、创新材料，也就无法创新服装。材料肌理的视觉美感表现，直接影响到服装设计的造型表达。

服装的材料可以通过贴、扎、系、拼、切、补、折、绣、叠、抽、勾等各式各样的工艺手法来形成新的肌理形态，不同的材料和工艺手法可以产生不同的肌理效果，它能使服装的造型更加丰富多彩，更能充分地满足人的视觉、触觉感受，提高服装设计的审美情趣。以下简单地介绍几种面料肌理构成法。

1．重复抽缝法

重复抽缝法是指通过对面料进行重复连点缝缀，使面料产生不同形式的图案肌理，具有浮雕般的效果，多用于服装的局部和整体造型设计（图 7–1 至图 7–6）。

图 7–1　图 7–2　图 7–3

图 7–4　图 7–5　图 7–6

2．扎系、包缠法

扎系、包缠法是指以有形或无形的材料作为填充物，包裹后用线绳缠绕或系扎，组成一定的表现形式（图 7–7 至图 7–12）。

图 7–7

图 7–8

图 7–9

图 7-10

图 7-11

图 7-12

3. 剪切、拼合法

剪切、拼合法是指用刀割破面料形成裂痕或剪出一定的形状，或重新组合或衬叠，形成明显的轨迹线，使服装设计呈现色彩多变的效果（图 7-13 至图 7-20）。

图 7-13

图 7-14

图 7-15

图 7-16

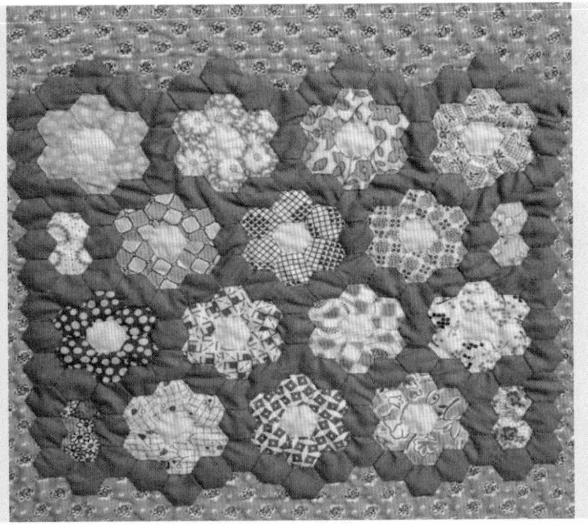

图 7-17

图 7-18

图 7-19

图 7-20

4．抽纱法

抽纱法是指用挑丝或抽纱将面料的面料经纱或纬纱抽掉，使本来平整的面料形成皱纹、条状、格状或碎边的效果（图 7-21 至图 7-29）。

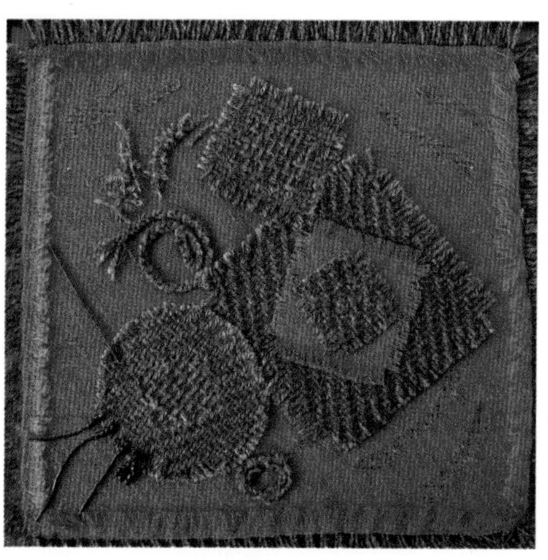

图 7-21

图 7-22

图 7-23

图 7-24

图 7-25

图 7-26

图 7-27

图 7-28

图 7-29

5．绗缝法

绗缝法是指在两层面料之间填入蓬松棉，在表面加以缝合，表现出较为饱满的图案线迹暗痕（图 7-30 至图 7-34）。

图 7-30

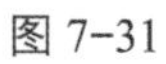

图 7-31

图 7-32

图 7-33

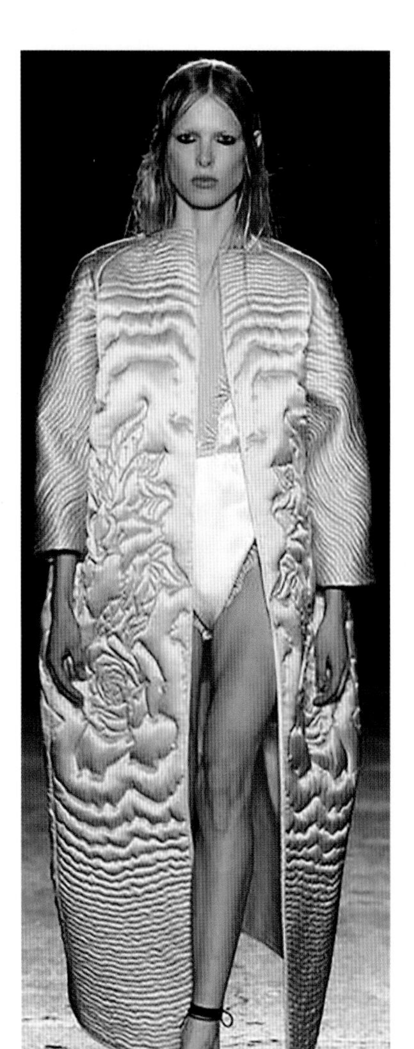

图 7-34

6．刺绣法

刺绣法是指以针作为笔进行刻画，运用多种不同针法技艺，如补绣、珠绣、丝带绣等，灵动地表现各种纹样，赋予服装设计不同的内涵（图 7-35 至图 7-43）。

图 7-35

图 7-36

图 7-37

图 7-38

图 7-39

图 7-40

图 7-41

图 7-42

图 7-43

7．折叠法

折叠法是指运用线、面的折叠构成三维立体形态，使服装设计具有体积量感（图 7-44 至图 7-53）。

图 7-44

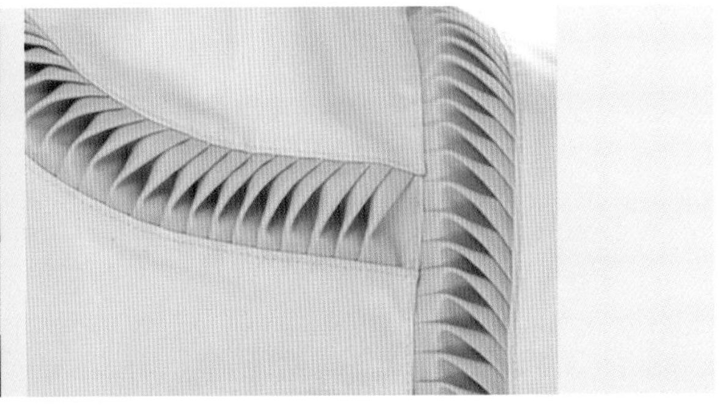
图 7-45

图 7-46　图 7-47　图 7-48　图 7-49

图 7-50　图 7-51　图 7-52　图 7-53

（二）立体的形态构成

在服装设计中，立体裁剪手段在很大程度上是研究材料的立体构成形态美，通过构成的分解与组合，从造型要素中抽出一些可表现的形态进行研究，专注要素和材料的构成关系，探讨服装立体形态和空间形态的造型规律，使服装造型更好地表现设计的张力。下面简单介绍几种常用的服装立体造型形态规律。

（1）将面料裁剪成 360° 的圆形，圆的正中心剪去与服装缝合部位周长相等的小圆，它的底摆呈现比较均匀的多浪立体形态（图 7-54、图 7-55）。

（2）其圆的中心偏离中心的位置时，又出现具有一定斜度的波浪形态，较中心圆的设置更具有动感效果（图 7-56、图 7-57）。

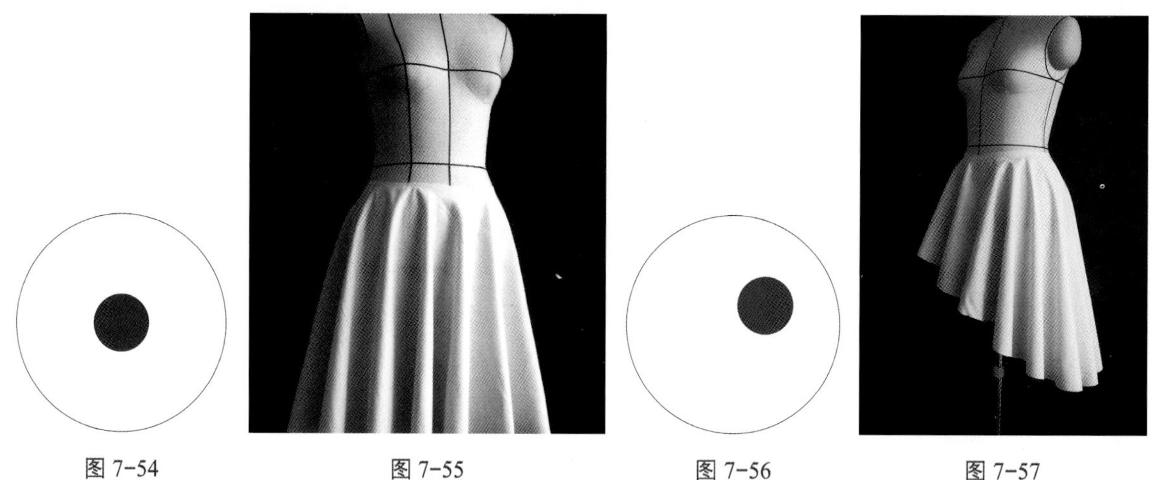

图 7-54　图 7-55　图 7-56　图 7-57

（3）将 360° 圆面料裁剪成正方形，同样地，将正方形中心剪去与服装缝合部位周长相等的小圆，它的底摆除了呈现比较均匀的圆形多浪立体形态外，还增加了角的变化，更增添了设计的律动感（图 7-58、图 7-59）。

（4）将其正方形变成六角时，它的底摆除了呈现尖角、多浪的立体形态外，如果叠加层数，不但会增加多角的变化，更能体现设计的层次感和立体感，表达更为丰富（图 7-60、图 7-61）。

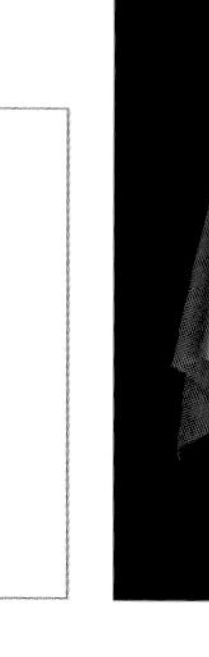

图 7-58

图 7-59

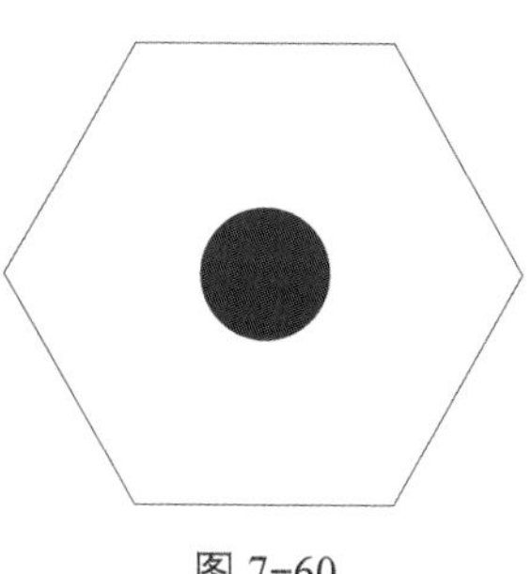

图 7-60

图 7-61

（5）根据设计部位所需长度将布的外缘呈涡旋状裁剪，拉开后就会呈现荷叶飞边形状，可单层，可多层，层层叠叠、波浪起伏，使造型设计产生强烈的立体形态和空间形态的美感（图 7-62 至图 7-69）。

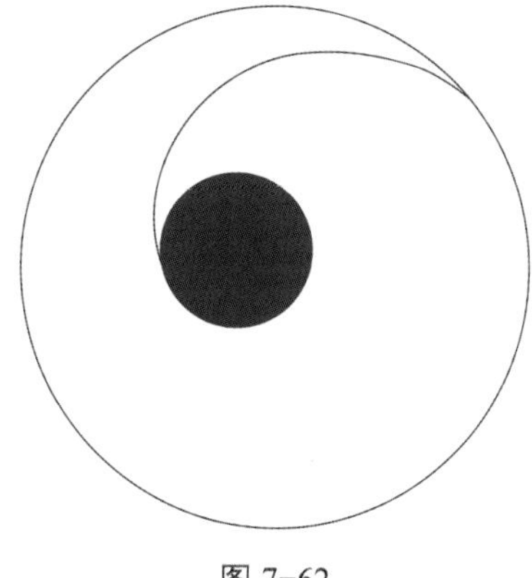

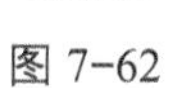

图 7-62

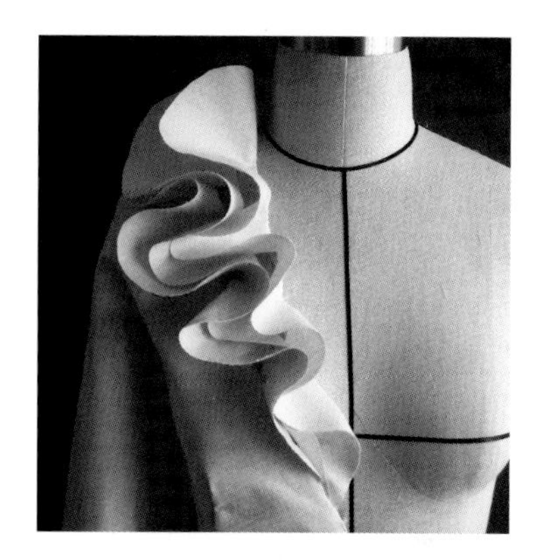

图 7-63

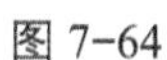

图 7-64

图 7-65

图 7-66

图 7-67

图 7-68

图 7-69

二、无袖小礼服立体造型设计

(一) 款式特点

上身合体，有褶裥排列设计。下裙为郁金香造型，表面设计了叶片叠加的肌理效果（图 7-70）。

(二) 裁剪步骤

（1）在人台上将服装款式中主要的造型线、结构线标示出来（图 7-71）。

（2）将上身坯布整经熨烫平整，并画出前中心线，注意胸围以上留出足够的操作量。

将坯布前中心线与人台上的对应线对合，沿布的底缘线打剪口至人台腰节 1 cm 处，腰部留一定的活动量，其余向上推，用大头针固定腰部（图 7-72）。

图 7-70

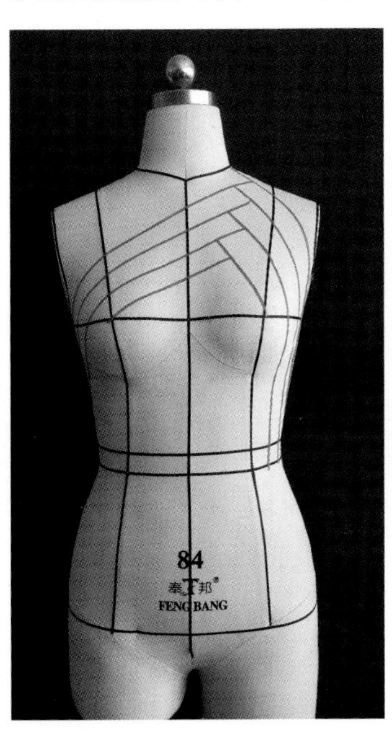

图 7-71

图 7-72

（3）根据服装造型要求折叠出第一道褶量，同时沿着第二道褶的叠压线剪开至第三道褶的叠压线处，用大头针别合（图 7-73、图 7-74）。

（4）操作第二道褶，压在第一道褶之上，沿着第三道褶的叠压线剪开至第四道褶的叠压线处（图 7-75）。

（5）操作第三道褶，压在第二道褶之上，褶量长延至侧缝线，沿着第四道褶的叠压线剪开至第五道褶的叠压线处，用大头针别合（图 7-76）。

图 7-73

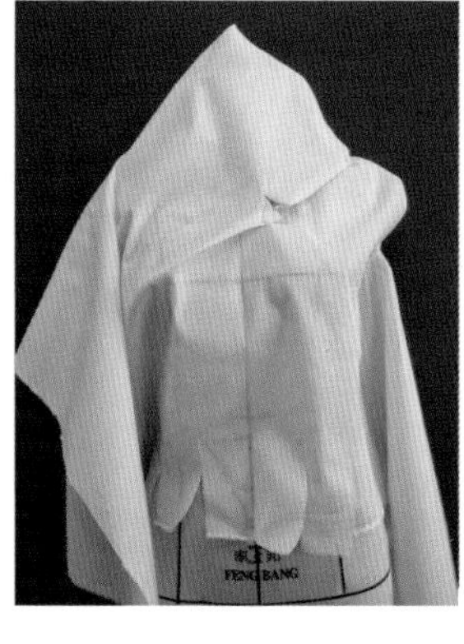

图 7-74

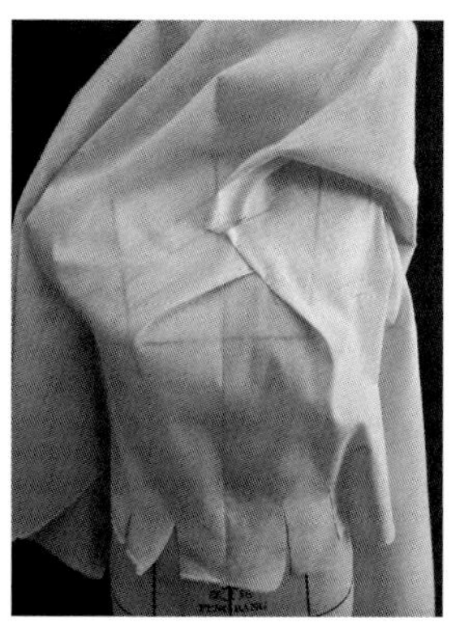

图 7-75

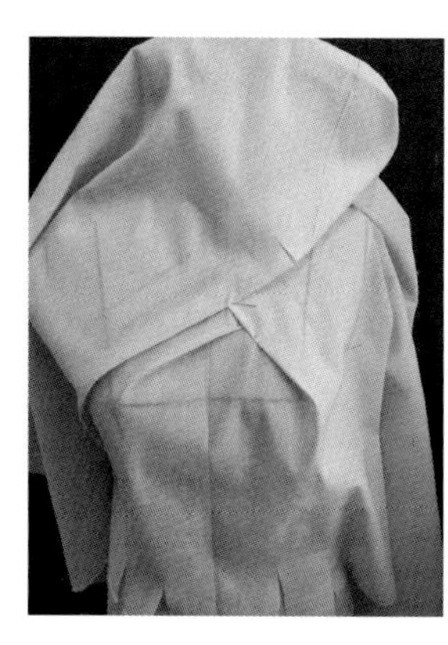

图 7-76

（6）操作第四道褶，压在第三道褶之上，褶量长延至腰线，沿着第五道褶的叠压线剪开至第六道褶的叠压线处，用大头针别合（图 7-77）。

（7）按照以上操作方法，完成第五、六、七、八道褶的操作与别合（图 7-78 至图 7-80）。

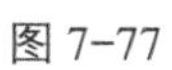

图 7-77

图 7-78

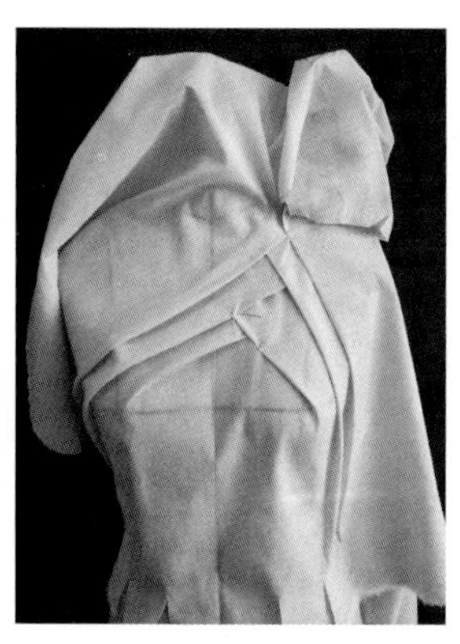

图 7-79

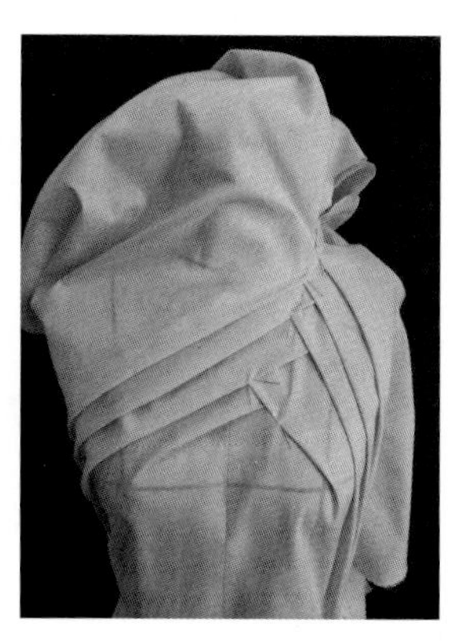

图 7-80

（8）依据人台上侧缝线、臂围线和领口线，保留适量的缝份和调整量，将多余的部分剪去（图 7-81、图 7-82）。

（9）身后片的操作可以参照衣身原型立体裁剪方法，省去肩省的操作（图 7-83 至图 7-85）。

（10）将前至后片肩线、侧缝用折叠别合的方

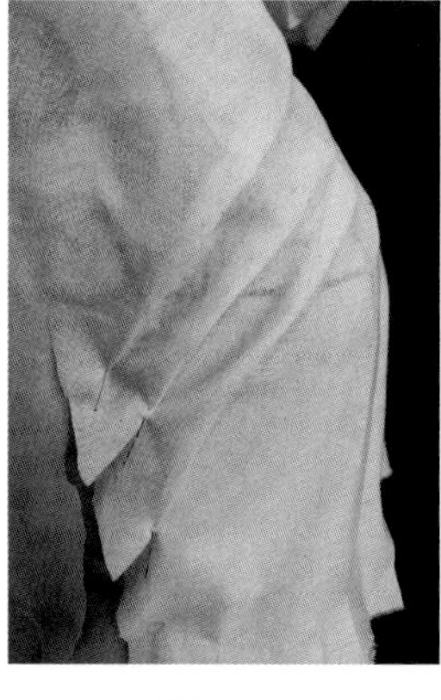

图 7-81

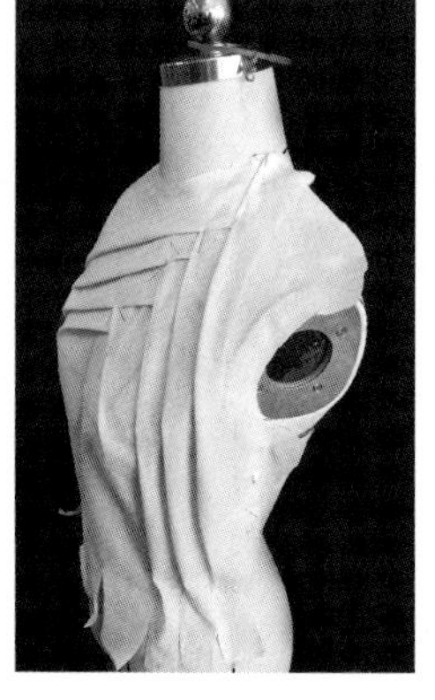

图 7-82

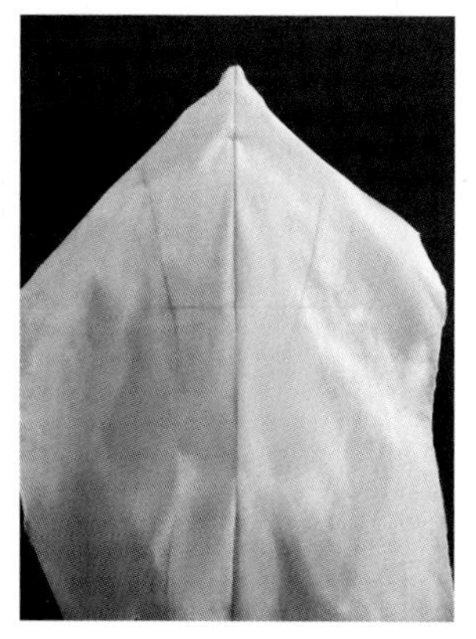

图 7-83

法完成连接。在腰节以下贴出裙子内衬的结构分割标示线（图 7-86、图 7-87）。

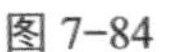

图 7-84

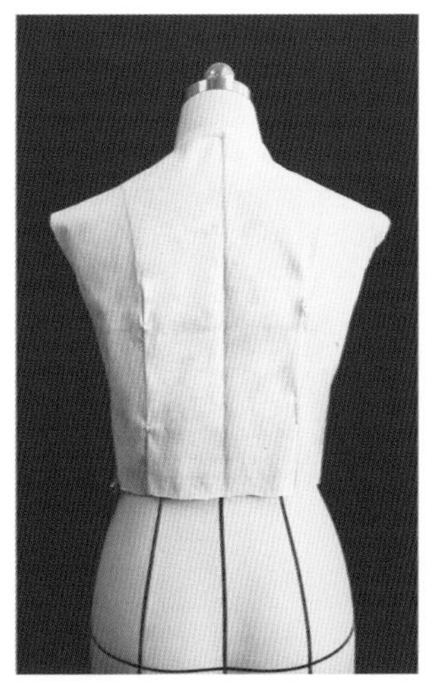

图 7-85

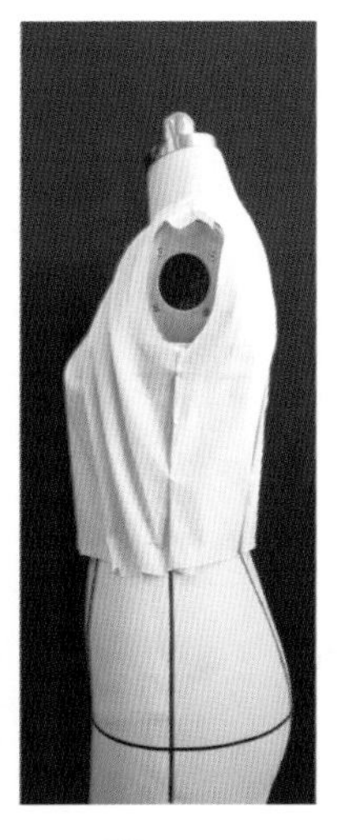

图 7-86

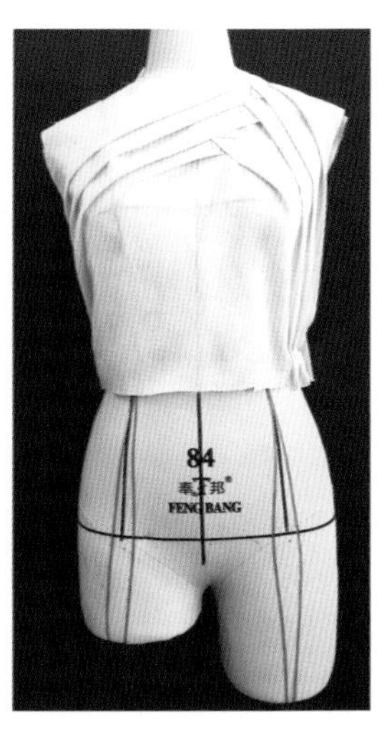

图 7-87

（11）根据裙子的造型需要，用抓合法操作出裙内衬立体空间量（内部可用纱撑做支撑），并标示出裙摆的造型线。保留一定的缝份量和调整量，多余的部分进行剪裁（图 7-88）。

（12）根据标示线进行衬裙的折叠别合，同时将衣身与裙内衬别合，右侧保留出拉链的开合位置（图 7-89）。

（13）根据需要剪出不同大小的叶片形状的裁片，进行抽缝，按大小排列，叠缀于裙内衬上，并完成装饰腰带的操作（图 7-90）。

（14）完成整体的造型如图 7-91 所示。

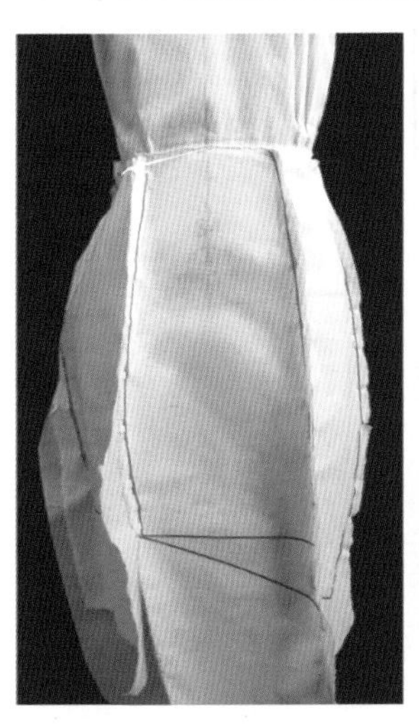

图 7-88

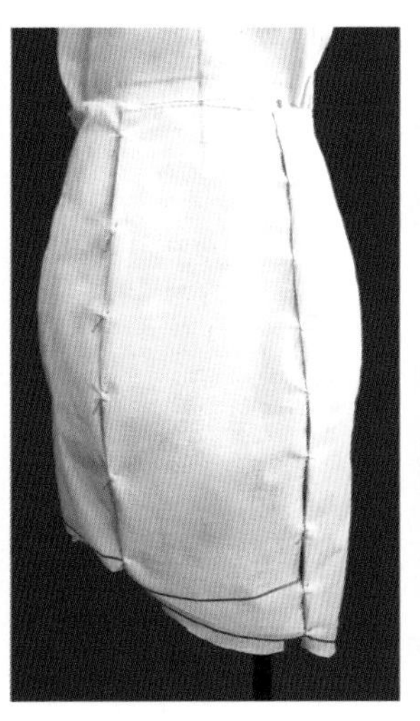

图 7-89

图 7-90

图 7-91

任务二　服装立体造型设计实训

一、造型设计的构思方法

1. 目的性操作设计

先将构思通过款式造型设计效果图的形式表达出来，并把正、背、侧各个角度的造型详尽地表现在纸面上，完成其比例、结构、肌理的操作计划步骤，作为立体裁剪操作的依据，在进行立体造型操作时要按预期的效果图来完成。

2．灵感性操作设计

操作前没有太多的构思和想法，而是将布在人台上随意地披挂、缠绕、堆积、褶皱或剪开等，从中偶然发现美的造型形态，以此引发新的灵感和设想，激发设计欲望。这种不可预见性设计往往能提升设计原创性。

二、立体裁剪实训方法

1．模仿训练

模仿训练即复原优秀的造型设计作品的方法。这一步骤是对现有的设计实例做进一步的造型分析，是复原其主体造型的一种手段，操作者不需要在设计构思上下功夫，而是针对所要模仿的设计对象的构成形态、构造技法进行一一解析。在这里也需要一定的想象和经验，因为呈现给你的可能只是一幅作品的正面设计图，也可能是背面的效果，如何将不完整的画面效果通过想象和分析，利用造型手段准确表达出来，是需要通过不断的推敲来实现的（图 7-92 至图 7-96）。

图 7-92

图 7-93

图 7-94

图 7-95

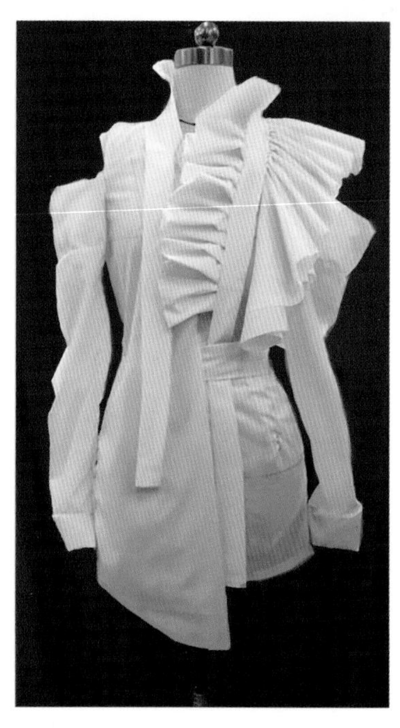

图 7-96

2．借鉴发挥

借鉴发挥是通过查阅和欣赏优秀的设计作品，进一步体验设计理念，借鉴其造型的形态构成元素加入自己的感悟，以标准人台为表现对象，正确地把握服装造型、空间关系，考虑人体的活动机能和穿着的舒适度，用形式美的造型技法，完美地体现出设计意图，是介于“拿来”与“原创”之间的一种训练方法（图 7-97 至图 7-100）。

图 7-97

图 7-98

图 7-99

图 7-100

3．原创设计

原创设计是通过对主题性的和实用性设计的要求进行构思，将灵感的萌发与审美的观念相结合，运用逆向思维、侧向思维、发散思维、聚合思维的方式，突破以往的概念，大胆地想象和不断地尝试，表现其“新、特、异”的立体造型艺术（图 7-101 至图 7-103）。

总之，服装立体裁剪的创作，要能准确地通过立体造型设计手段呈现出来，还需要不断地学习与实践，要把握好服装造型与人体运动的关系，舒适与审美的关系，造型、色彩与材质的关系等。

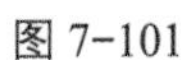

图 7-101

图 7-102

图 7-103

实训内容、技能目标及要求

一、模拟训练

1. 内容：选择某大师服装设计作品进行立体造型复原操作。

2. 能力目标：

（1）分析大师作品的设计造型特征，设计出立体造型操作步骤，确定操作的最佳方案。

（2）整体造型与局部比例关系协调，操作规范。

（3）准确地把控服装造型操作中的空间量，达到与原作造型一致的效果。

3. 要求：

（1）用白坯布完成立体造型操作，操作过程也可以借助其他辅助材料进行。

（2）尽量复原出合理的后背造型，统一整体造型。

（3）严格地按服装立体裁剪操作步骤完成各个环节。

（4）完成修版操作。

二、创造性设计操作

1. 内容：运用立体裁剪的构成设计方法和技巧，独立完成一件服装造型设计操作。

2. 能力目标：

（1）绘出款式设计图，对整体造型做比例与细节详尽说明。

（2）设计出立体造型操作步骤，确定立体造型操作的最佳方案。

（3）充分运用平面肌理构成的手段对面料进行塑造。

（4）操作过程中准确地把控造型形态与的空间形态的关系，达到造型完美的效果。

3. 要求：

（1）用实际的面料完成立体造型操作，可以借助其他辅助材料进行。

（2）严格地按服装立体裁剪操作步骤完成各个环节。

（3）完成修版、拓版及工艺制作成型操作。

项目八 作品欣赏

图 8-1

图 8-2

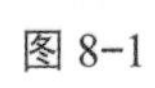

图 8-3

图 8-4

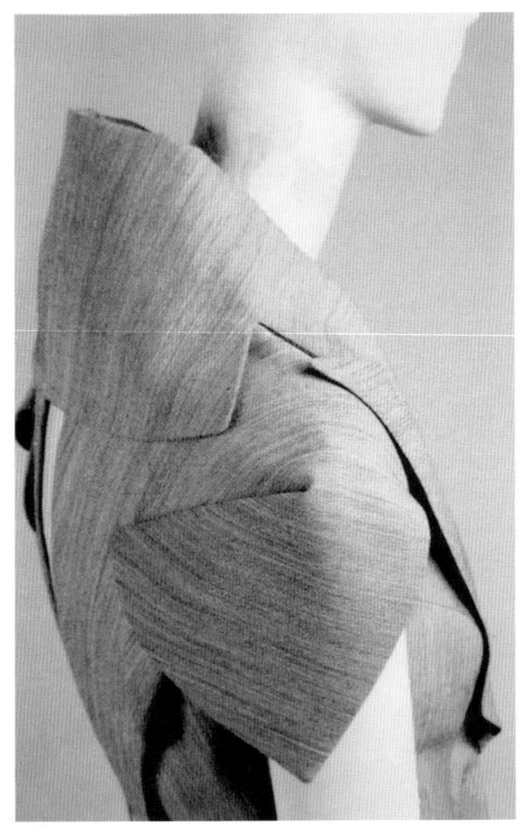

图 8-5

图 8-6

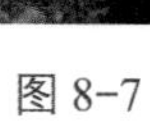

图 8-7

图 8-8

图 8-9

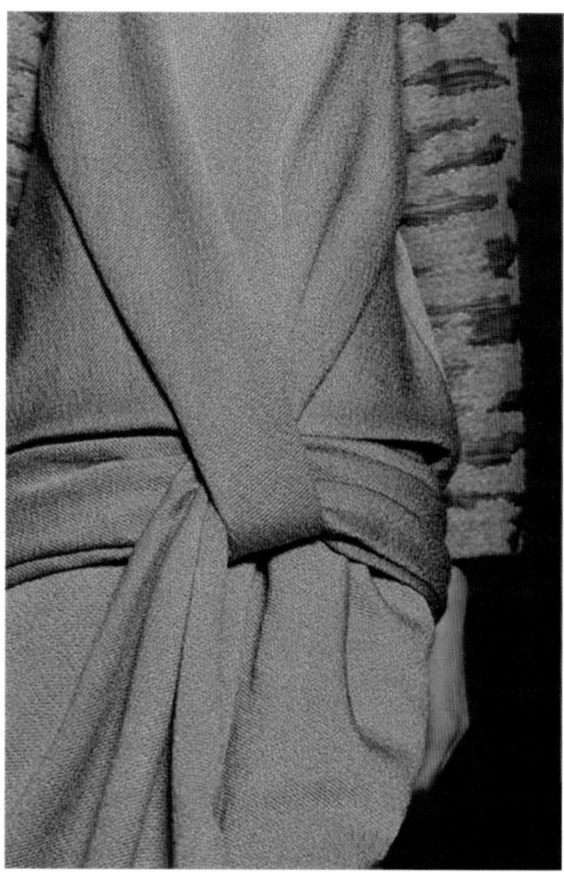

图 8-10

图 8-11

图 8-12

图 8-13

图 8-14

图 8-15

图 8-16

图 8-17

图 8-18

图 8-19

图 8-20

图 8-21

图 8-22

图 8-23

图 8-24

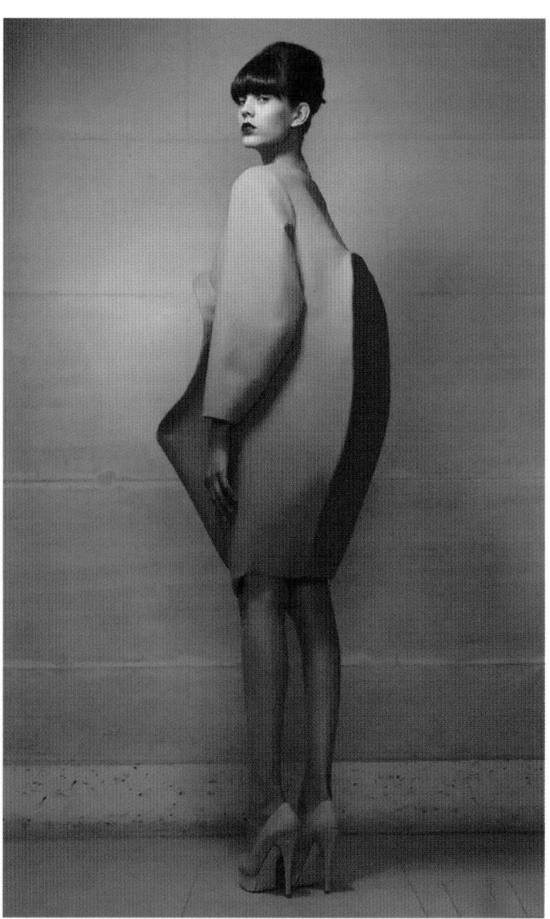

图 8-25

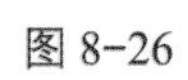

图 8-26

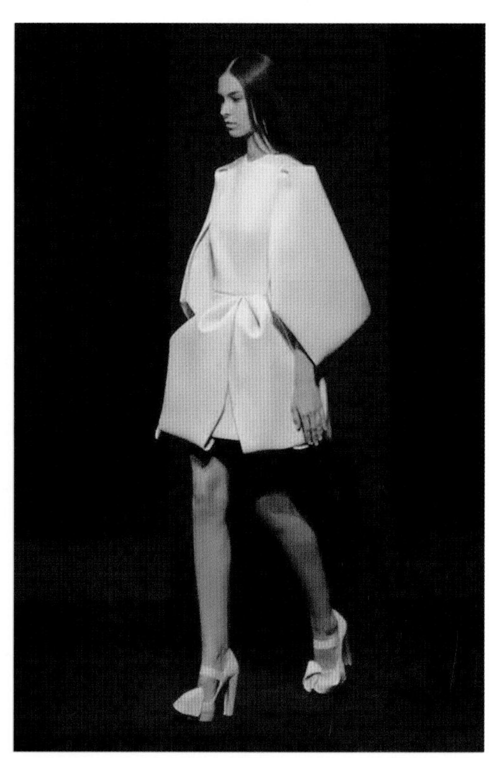

图 8-27

图 8-28

REFERENCES

参考文献

[1] 章瓯雁，杨然 . 服装立体裁剪项目化教程 [M] . 第 2 版 . 北京：高等教育出版社，2015.

[2] 张文斌 . 服装立体裁剪 [M] . 第 2 版 . 北京：中国纺织出版社，2012.

[3] [美]希尔德·嘉菲，纽瑞·莱利斯 . 美国经典服装立体裁剪完全教程[M]. 赵明，译 . 北京：中国纺织出版社，2014.

[4] 陶辉 . 服装立体裁剪基础 [M] . 上海：东华大学出版社，2013.